OPUSCULES

ENTOMOLOGIQUES

PAR

E. MULSANT

CORRESPONDANT DE L'INSTITUT,
CONSERVATEUR DE LA BIBLIOTHÈQUE DE LA VILLE DE LYON,
PRÉSIDENT DE LA SOCIÉTÉ LINNÉENNE, ETC.

SEIZIÈME CAHIER

PARIS

DEYROLLE FILS, NATURALISTE

RUE DE LA MONNAIE, 19

—

1875

OPUSCULES

ENTOMOLOGIQUES

OPUSCULES

ENTOMOLOGIQUES

PAR

E. MULSANT

CORRESPONDANT DE L'INSTITUT,
CONSERVATEUR DE LA BIBLIOTHÈQUE DE LA VILLE DE LYON.
PRÉSIDENT DE LA SOCIÉTÉ LINNÉENNE, ETC.

SEIZIÈME CAHIER

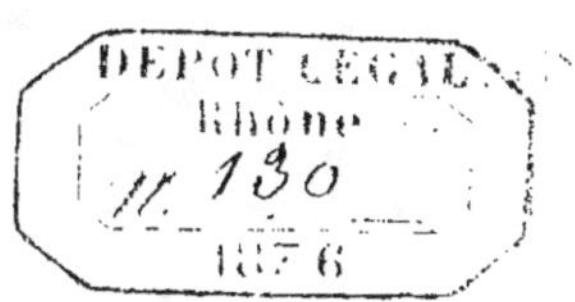

PARIS

DEYROLLE FILS, NATURALISTE

RUE DE LA MONNAIE, 19

1875

A

M. VALÉRY MAYET

MEMBRE DE LA SOCIÉTÉ ENTOMOLOGIQUE DE FRANCE, CORRESPONDANT
DE LA SOCIÉTÉ LINNÉENNE DE LYON, ETC.

En lisant le mémoire intéressant que vous avez publié sur une espèce nouvelle de *Sitaris*, tous les naturalistes ont dû, comme moi, regretter que le monde des affaires ne vous laisse pas assez de loisirs pour cultiver avec plus de liberté une science dans laquelle vous ne tarderiez pas à vous faire un nom distingué.

Puissent ces feuilles que j'aime à vous dédier vous témoigner de ma reconnaissance, pour les communications entomologiques dues à votre bienveillance, et vous offrir l'assurance

De mes sentiments affectueux,

E. MULSANT.

Lyon, 8 décembre 1875.

FOURREAU (Jules Pierre)

Né le 25 Août 1844

Mort le 16 Janvier 1871.

NOTICE

SUR

JULES FOURREAU

PAR

E. MULSANT

Présentée à la Société linnéenne de Lyon le 10 février 1873.

Les déplorables événements qui ont occasionné en France tant de ruines et fait verser tant de larmes ont enlevé à notre pays une foule de jeunes gens, l'élite ou l'espoir de la génération nouvelle.

Notre Société linnéenne a eu sa part dans ces sacrifices douloureux, et celui dont je vais essayer de vous esquisser la vie est un de ceux qui nous laisseront les plus justes regrets.

Déjà, une plume amie (1) et très-heureusement inspirée a reproduit dans un journal les principaux traits de cette existence courte, mais noblement remplie. Le récit en est si touchant que je me serais dispensé de traiter le même sujet, si, en raison de la position que je dois à votre bienveillance, mon silence n'eût semblé un oubli injurieux pour celui dont nous admirions tous le caractère et les précoces talents.

FOURREAU (Jules-Pierre) naquit à Lyon, le 25 août 1844, d'une famille lyonnaise, du côté paternel, et champenoise, par sa mère.

Il comptait, parmi ses ascendants, un grand-oncle qui s'est illustré dans l'architecture, vers la fin du dix-septième siècle ; Ledoux (Claude-Nicolas),

---

(1) Voyez l'article intitulé : *Jules Fourreau*, dans le journal *La Décentralisation*, u 4 avril 1871, par M. André Gairal, avocat de Paris.

né à Dormont, en Champagne, a produit une foule de monuments remarquables, entre autres la colonne triomphale de la barrière du Trône.

Jules Fourreau, d'une excellente nature et élevé par une mère qui sut faire germer en lui les vertus et les talents qu'il devait faire briller plus tard, fit paraître, dès ses tendres années, moins de légèreté ou plus de sérieux qu'on en montre ordinairement à cet âge.

Doué d'une imagination vive et ardente, animé d'une avidité d'apprendre et de s'instruire peu commune chez les enfants, il se plaisait à admirer les plans et les dessins de son père, architecte, et bientôt sa jeune main fut aussi habile à diriger le crayon que la plume. Le goût des arts se manifestait en lui d'une manière évidente. Bientôt la bibliothèque de son père offrit un aliment à son esprit avide, et la lecture devint son occupation favorite et se transforma en une véritable passion.

Au sortir des mains maternelles, il fit ses premières études dans l'excellente institution Pictet. Ses qualités du cœur et de l'esprit lui gagnèrent l'affection particulière du chef de l'établissement et surtout de M. l'abbé Jourdan. Là, comme dans tout le cours de sa vie scolaire, il fut l'ami de ses maîtres et recherchait leur conversation de préférence aux jeux de ses condisciples.

Les premiers symptômes de sa vocation future se révélèrent dès cette époque. Les plantes attiraient déjà ses regards et ses jeunes affections, et, sans avoir encore aucune idée de la botanique et sans se douter de la passion que lui inspireraient un jour les beautés de la nature, il aimait à cueillir dans les champs, les jardins et les serres, les fleurs les plus gracieuses ou les plus belles, pour les envoyer à l'une de ses sœurs ; à peine âgé de treize ans, il composait son premier herbier, ébauche enfantine de ses collections futures.

A quatorze ans, il entra au collége des Minimes, fondé par le vénérable abbé Détard. L'abbé Madenis, qui a laissé dans le cœur de ses élèves de si doux souvenirs, l'abbé Madenis, professeur de botanique dans cet établissement et auteur d'un manuel très-portatif de cette science (1), eut bientôt deviné les aptitudes du jeune élève et se fit un plaisir de favoriser ses goûts, en mettant à sa disposition le jardin où lui-même il cultivait un

____

(1) *Manuel du Botaniste herborisant.*

assez grand nombre de plantes. Ce vénéré maître, convaincu des heureuses dispositions de Fourreau, le fit connaître à notre célèbre botaniste M. Jordan, et celui-ci le demanda à sa famille pour l'occuper près de lui. Mais le jeune homme n'avait pas encore achevé ses études ; la demande ne put être agréée. Il resta aux Minimes jusqu'à dix-huit ans, et, à sa sortie, sa mère et ses sœurs songèrent à lui faire prendre une carrière.

L'architecture, qui lui rappelait les occupations et la gloire de sa famille, semblait être le genre de travail vers lequel le portaient ses goûts ; mais cette branche des arts exige d'assez longues études avant de procurer à ceux qui s'y livrent une existence indépendante, et, dans sa vive reconnaissance pour ses parents, il lui tardait d'être en état de les récompenser des sacrifices faits pour son instruction.

Dans cette pensée, il se décida à entrer dans le commerce. Une des maisons les plus honorables de notre ville lui offrit, dans ses comptoirs, une place, lui laissant en perspective un avenir avantageux. Malgré la bienveillance dont il était l'objet de la part de ses chefs et dont il a gardé un reconnaissant souvenir, il étouffait dans ce monde des affaires, pour lequel il n'était pas né. Aussi s'empressa-t-il d'accepter avec joie l'offre nouvelle de M. Jordan de lui donner de l'occupation près de lui.

Il devint désormais le disciple dévoué de ce célèbre botaniste. Il lui consacra tout son temps et le talent qu'il avait acquis, sans avoir jamais eu de maître, de reproduire avec fidélité, à l'aide de son crayon, le port des plantes et leurs caractères distinctifs. Il était chargé de diriger, dans leurs travaux, les graveurs et les coloristes, dont les œuvres sont plus ou moins imparfaites quand ils n'ont pas des connaissances suffisantes en histoire naturelle.

Le maître trouva en Fourreau une intelligence si élevée et des aptitudes si remarquables, il le vit adopter avec une conviction si profonde sa manière de voir, relativement à la distinction des espèces, en les soumettant à une analyse plus minutieuse, qu'il le jugea digne d'être associé à son œuvre et qu'il inscrivit le nom du jeune homme, à côté du sien, sur le frontispice des monuments qu'il commençait à élever à la science.

Fourreau commença, en 1864, à multiplier ses courses dans un cercle d'une certaine étendue autour de notre ville, puis à rayonner plus loin de Lyon.

Il visita en mai les sites accidentés de l'Ardèche ; en juillet, il explora le désert de la Grande-Chartreuse : son imagination facilement enthousiaste s'extasiait d'admiration, en parcourant le chemin de Saint-Laurent du Pont, si pittoresque et si sauvage, encaissé entre des montagnes perpendiculaires et déroulant aux yeux du voyageur des tableaux féeriques et sans cesse variés. Il parcourut les prairies et les bois dont le couvent est entouré, depuis les bords du Guier, qui coule avec bruit au fond de ces profondes vallées jusqu'au col de la Ruchère d'où l'œil peut embrasser le cours du Rhône presque depuis Pierre-Châtel jusqu'aux portes de Lyon. Il s'éleva sur le grand Som dont la tête chenue semble soutenir les cieux. Il revint chargé des trésors de Flore.

Au mois d'août il s'engagea dans la vallée du Bourg-d'Oisan, vit, en allant à la Grave, les cascades du Riftord, se rendit chez M. Mathonnet qui se fit plaisir de lui servir de guide, parvint, avec ce botaniste complaisant, jusqu'aux glaciers de la Grave, dominés par la Meidje, dont la hauteur excède trois mille cinq cents mètres ; admira en passant à Villard-d'Arène les glaciers du Bec et de l'Alpe, parcourut les riches prairies du Lautaret semblables à une corbeille de fleurs ; il s'éleva jusqu'au sommet du petit Galibier, d'où l'œil peut embrasser, dans un magnifique horizon, la vallée de Briançon, le mont Genèvre et le Pelvoux, dominé par la pointe des Escrun dont l'homme a seulement depuis peu osé gravir la hauteur.

En avril 1865, il fit une courte excursion dans les environs de Montélimar, y herborisa avec M. Rollet et courut quelques dangers sur les rochers qui dominent le château de Donzère en s'obstinant à y trouver l'*Alyssum macrocarpum* qu'il finit par rencontrer.

Mais ces localités du bas Dauphiné, qui donnent un avant-goût de notre Midi, n'étaient pas encore cette zone provençale, dont il lui tardait d'explorer par lui-même les richesses.

Un autre motif d'ailleurs l'excitait à voir ces chaudes contrées : il avait lu *Mireio* (1) de Frédéric Mistral, poëme plein de grâce, couronné par l'Académie française, dans lequel l'auteur dépeint la Provence pastorale et célèbre les richesses végétales de la Crau ; il désirait connaître ce poëte

___

(1) *Mireio*, pouèmo prouvençau, emé la traducion franceso vis-à-vis. *En Avignon*, Roumanille, in-8°, ouvrage parvenu déjà à de nombreuses éditions.

dont la sensibilité et les sentiments semblaient correspondre aux siens, et avec lequel il s'était enhardi à correspondre.

Au commencement d'avril 1866, il lui fut enfin permis de voir notre Midi. Il s'arrêta à Beaucaire et Tarascon, en explora les campagnes environnantes ; se rendit à Saint-Remy, et de là à Maillane, où il fut reçu à bras ouverts par le poëte dont les écrits l'avaient charmé. A son retour à Saint-Remy, il fut témoin d'une course de taureaux, spectacle nouveau pour lui. Le lendemain, il s'engagea dans les Alpines, en parcourut les sites sauvages jusqu'au vallon d'Enfer et jusqu'aux Beaux, de là, il put admirer, comme une terre promise, Marseille, Arles, la Crau, la Camargue, qu'il ne lui était pas possible de visiter dans ce voyage.

Cette première descente dans la Provence lui avait inspiré une véritable passion pour cette terre sur laquelle le soleil déverse ses rayons les plus vivifiants. Il ne pouvait se lasser d'admirer ce ciel d'un azur presque toujours sans nuages ; ce sol sur lequel l'olivier croît à côté d'une foule d'autres végétaux inconnus à nos contrées ; cette langue qui chante au lieu de se traîner monotone ; cette poésie provençale si douée, si harmonieuse, et généralement si peu connue dans le reste de la France ; les monuments et les ruines des anciens châteaux de ce pays des troubadours.

En parcourant ces sites variés, il ne se borna pas à recueillir des plantes, à étudier cette flore si différente de la nôtre et objet principal de ses courses ; il se plut à reproduire sous son crayon élégant et facile une foule de croquis ou de dessins, destinés à lui laisser des souvenirs durables de son voyage.

On peut juger, par les lignes suivantes, adressées, à son retour, à l'une de ses sœurs éloignée de Lyon, les vives impressions que lui avaient laissées la contrée qu'il avait explorée.

« Tous mes dessins sont terminés ; mes jolies plantes sont séchées et celles que j'ai confiées à la terre sont en belle voie de prospérité.

« Ces Alpines sont très-riches, mais si vastes, si variées et si difficiles d'accès, que j'ai laissé bien à glaner pour d'autres excursions.

« Souvent je me reporte par la pensée dans ce beau pays de Provence, et je vois passer devant les yeux de mon esprit toutes les belles choses que j'y ai vues ; je me crois parfois à la course des taureaux ; j'entends rire autour de moi les gaies et vives *chatouno ;* je vois ces costumes si gracieux

qui donnent tant de piquant et de vivacité à la physionomie ; je visite ces
vieux châteaux si imposants et si fiers ; je parcours ces Alpines si sauvages
et si belles ; je suis aux Beaux, sur ce rocher isolé, couronné par les ruines
d'une ville et d'un château ; j'aperçois de là le mas de Mireio, la Camargue et la mer ; je me promène dans des champs d'oliviers, sur des routes
bordées de cannes élégantes et de sombres cyprès ; enfin, je revois la maison de Mistral et je retrouve son accueil cordial et sympathique. »

Doué d'une sensibilité si exquise et d'une nature si dévouée, Fourreau
était digne d'avoir de véritables amis. Dans le cours de ses études, aux
Minimes, il s'en était fait de bien sincères parmi plusieurs de ses condisciples, dont la piété et les sentiments s'alliaient aux siens, et le temps
n'avait fait que cimenter ces doux attachements.

Peu de temps après ce premier voyage en Provence, au commencement
d'avril, il reprit la route du Midi, visita Avignon, où les papes ont laissé
tant de souvenirs, herborisa sur les rives de la Durance, en remontant le
cours de cette rivière, et arriva à Maillane, où l'accueil le plus cordial
l'attendait. Il fit, chez son ami, la connaissance de M. Xéménoff, littérateur
russe, fixé à Avignon. Avant de quitter M. Mistral, il passa quelques heures délicieuses à aller, avec lui, visiter le couvent des Prémontrés, à Fri-
golet. Des herborisations aux environs d'Arles, du mont Majon et des
Saintes-Maries, lieux si pleins de vieux souvenirs, terminèrent ce voyage.

A son retour, il donna le nom de *Mistralia,* à un nouveau genre de
plantes, en l'honneur du poëte qui a popularisé la flore de la Camargue et
de la Crau et comme un témoignage de son affection pour sa personne et
de son admiration pour ses écrits.

En avril de l'année suivante (1868), il parcourut les alentours de Nîmes,
d'Aigues-Mortes et de quelques autres lieux du département du Gard.

Sur la fin de 1869, le relâchement croissant des idées morales inspira à
quelques jeunes gens, d'un cœur noble et généreux, l'idée de fonder une
association, dont les réunions et les travaux auraient pour but d'essayer
de lutter contre le torrent qui entraînait la société vers un abîme. Fourreau,
l'un des auteurs de cette heureuse pensée, trouva bientôt des amis jaloux

(1) Famille des Daphnoïdes. Voyez Catalogue des plantes du cours du Rhône. (*Ann.
de la Soc. linn. de Lyon*, t. XVII (1869), p. 147.)

de se joindre à lui, et, grâce à ses soins, la *Société de la Renaissance* fut fondée. Il en fut élu président, et bientôt il y donna lecture de deux études remarquables : l'une, sur l'influence sociale, politique et religieuse de cette association, l'autre, sur la liberté de la presse.

Ces études, dont le style était à la hauteur de l'élévation des pensées et de la noblesse des sentiments, offraient une preuve de la souplesse de son esprit, de la variété de son savoir, et laissaient pressentir ce que serait devenu ce jeune homme, dans la maturité de son talent.

En juin 1870, Marseille et ses environs le virent pour la dernière fois sur ce sol de la Provence, dont il espérait pouvoir longtemps encore explorer les richesses.

A cette époque devait se terminer aussi la carrière scientifique de Fourreau. Les événements survenus au mois d'août vinrent détourner le cours de la destinée à laquelle il semblait appelé.

Quand il vit la France envahie par l'ennemi, il sentit qu'il devait son bras à sa patrie. Enrôlé, avant l'appel, parmi les légionnaires du Rhône, il partit, le 10 novembre 1870, pour l'armée de l'Est. Triste de quitter une mère et des sœurs pour lesquelles il avait tant d'affection, il marcha avec le sentiment du chrétien qui accomplit un devoir. Il aurait pu facilement trouver une place dans les bureaux de l'administration militaire : il refusa constamment de se prêter aux demandes qu'on voulait faire pour l'y faire entrer.

Durant les jours de campagne, il sut bientôt se concilier les sympathies de ses chefs et de ses camarades, par son humeur aimable, et exciter leur admiration, par la régularité de sa conduite et la dignité de ses paroles et de ses manières. A travers les marches forcées, il prenait des notes et des croquis et trouvait le temps d'écrire presque chaque jour à sa famille.

Il vit le feu pour la première fois, le 4 décembre, à Châteauneuf-Vandenesse (Côte-d'Or) et s'y comporta comme un soldat de la vieille garde. Le 18 décembre, dans la malheureuse affaire de Nuits, il se battit encore glorieusement toute la journée. Vers le soir, au moment où il s'élançait sur un talus du chemin de fer, une balle l'atteignit au-dessus de la cheville et lui brisa les deux os de la jambe. Il s'affaissa au milieu des accacias, où les projectiles ennemis ne cessaient de pleuvoir ; il se retint sur ce terrain déclive, en enfonçant son sabre dans le sol, et demeura dans cette position pénible pendant deux heures. Enfin, presque à bout de forces, il se mit à appeler du secours en français et en allemand. Des Badois l'entendirent, l'entourèrent de soins et le portèrent à leur ambulance, à deux kilomètres de là. Grâce à sa connaissance de la langue parlée de l'autre côté du Rhin, il trouva de la part des chirurgiens un accueil très-compatissant; mais les blessés étaient si nombreux qu'on ne put que bander sa plaie, pour soutenir le pied qui pendait. Le lendemain au soir, il fut transporté à Nuits, chez une famille amie, où il reçut les soins les plus empressés; mais les hommes de l'art manquaient pour pratiquer l'amputation, jugée dès lors nécessaire. « S'il faut sacrifier ma jambe, disait-il, je le veux bien ; mais ma pauvre mère ! »

Le blessé dut attendre encore deux jours pour être transporté à l'hôpital de Beaune, sur une charette dont chaque cahot renouvellait ses douleurs. Dès le lendemain de son arrivée, les chirurgiens firent pressentir l'imminence de l'amputation et en parlèrent pour le jour suivant. « Non, s'écria-t-il, j'aime mieux que ce soit tout de suite » puis, se tournant vers l'infirmière qui l'entourait de ses soins : « Ma bonne sœur, envoyez-moi je vous prie, un prêtre. » Après avoir causé quelque temps avec l'aumônier, il demanda à recevoir la nourriture divine qui faisait la force des martyrs. Il supporta l'opération avec une admirable fermeté, et dès le lendemain il eut le courage d'écrire lui-même à sa mère le terrible événement; il le faisait avec une simplicité d'expression qui révélait la quiétude et la force de son âme.

L'une de ses sœurs s'empresse d'accourir près de lui; sa présence lui semble un augure de bonheur. Il reprenait presque son aimable gaîté, quoique la crainte de ne plus revoir le toit maternel vînt quelquefois assombrir ses pensées. Il repassait dans son esprit le souvenir de tous ceux qui lui étaient chers et se plaisait encore à former des projets d'avenir.

Pendant dix jours l'état du blessé parut satisfaisant et laissait des espérances qui ne devaient pas se réaliser. Le 8 janvier, un changement subit se manifesta ; son autre sœur, avertie du danger, accourut en toute hâte, un épanchement survenu dans le poumon droit vint gêner la respiration et rendre la parole difficile et pénible. Une douleur de côté s'ajouta à ses souffrances; on entendait le pauvre malade implorer le secours de la reine des martyrs et invoquer Notre-Dame de Fourvière pour laquelle il avait un culte particulier.

Plein de courage et de foi, il demanda à recevoir de nouveau le pain des anges. En voyant venir à lui, sous des voiles mystérieux, le Dieu qu'il avait toujours adoré, son visage s'illumina d'une joie céleste ; on aurait dit qu'il entrevoyait déjà le bonheur réservé aux élus.

Cette journée du dimanche 15 fut moins mauvaise ; le pauvre malade semblait revenir à la vie. Sa poitrine un peu dégagée lui permit de parler ; mais, dans la nuit, le mal reprit tout son empire. Dans un moment de déchirement où il songeait peut-être à sa mère, à ses sœurs, à ses travaux en projet, à ses pensées d'avenir, on l'entendit s'écrier : « Mon Dieu, le sacrifice que vous me demandez est bien dur ; mais vous êtes bien digne que je vous l'offre ! »

Le lundi 16, de grand matin, on lui administra le sacrement des mourants A sept heures, ses sœurs, appelées en toute hâte, accoururent près de lui ; elles le virent peu de temps après s'endormir paisiblement, en tenant ses lèvres collées sur l'image de Jésus crucifié qu'elles lui présentaient. Il n'avait pas encore vingt-sept ans !

Son corps fut amené à Lyon, où, après un service solennel, célébré au milieu d'un grand concours de fidèles, des amis nombreux l'ont accompagné jusqu'à la terre consacrée où reposent ses restes mortels.

Fourreau avait une taille avantageuse, un extérieur agréable, des yeux pleins de douceur et de finesse, une figure sur laquelle se peignait la quiétude de son âme, l'aménité et en même temps l'énergie de son caractère.

Doué d'une élocution facile, d'un esprit vif et pénétrant, il déployait dans la conversation, surtout quand elle reposait sur des sujets en harmonie avec ses goûts, tant d'animation et d'agrément, qu'il exerçait sur ses auditeurs une sorte de charme, dont sa modestie était loin de se douter. Il joignait à une piété solide, à une fidélité inviolable à ses devoirs, à une foi sincère et fortifiée par des études sérieuses, cette aimable indulgence qui se plaît à excuser les défauts des autres et à les cacher, et cette abnégation ou ce dévouement qui s'élèvent, quand il le faut, jusqu'au sacrifice. Aussi eut-il de véritables amis.

Économe du temps, dont il connaissait tout le prix, il employait à visiter les pauvres, à goûter les joies intimes de la famille ou de l'amitié, les moments laissés libres par ses devoirs ou par ses études.

Il a publié, en collaboration avec son savant maître, M. Jordan, deux volumes des *Icones* (1) et deux livraisons du *Breviarium plantarum* (2).

Il a fait paraître seul, dans les *Annales de la Société linnéenne de Lyon*, le Catalogue des plantes du cours du Rhône (3).

Ce travail n'était que le prélude d'un ouvrage plus étendu, dont il espérait faire paraître la publication par fascicules ; mais déjà se révélait en lui ce tact particulier, ce don de Dieu, qui constitue le naturaliste, en le douant de la faculté de saisir les rapports qui unissent les espèces et d'établir des genres, des coupes ou des divisions fondées sur des affinités avouées par la nature.

Jules Fourreau s'est éteint au moment où des connaissances acquises, où son intelligence et son esprit d'observation plus développés promettaient à ses œuvres plus de perfection.

Sa mort est une perte pour la science ; et combien n'est-elle pas douloureuse et regrettable pour sa famille inconsolée? Il aurait continué à être la joie et le bonheur de ses sœurs ; il aurait été l'honneur de sa famille ; il se serait fait un nom célèbre sur la terre que nous habitons ; mais il a conquis une gloire plus solide et plus enviable dans la patrie où la félicité ne connaît pas de fin (4).

(1) *Icones ad floram Europæ novo fundamento instaurandam spectantes.* Auctoribus Alexi Jordan et Julio Fourreau *Parisiis*, Savy, t. I, 1866-68; t. II, 1869-70, (inachevé) in 8°.

(2) *Breviarum plantarum novarum* sive Specierum in horto plerumque cultura recognitarum. Descriptio contracta, ulterius amplianda auctoribus Alexi Jordan et Julio Fourreau. *Parisiis*, Savy, fasciculus I (1866) ; fasc. II (1868) in-8°.

(3) Catalogue des plantes qui croissent spontanément le long du cours du Rhône, par J. Fourreau. (*Ann. de la Soc. linn. de Lyon*, t. XVI, (1868) et t. XVII (1869), in-8°.

(4) Ces pages étaient écrites, quand a paru, dans le *Bulletin de la Société botanique de France*, sur ce jeune homme, une admirable notice nécrologique, par M. Adolphe Mehu, plus capable de juger et d'apprécier les travaux botaniques de Jules Fourreau.

SUPPLÉMENT

AUX

ALTISIDES

DE FEU M. FOUDRAS

PAR

MM. MULSANT ET REY

Présenté à la Société linnéenne de Lyon le 9 juin 1873.

---

1. Psylliodes fusiformis, ILLIGER (1).

Oblongo-ovata, parum convexa, viridi-aenea, antennis pedibusque ferrugineis, femoribus posticis supra infuscatis; encarpis nullis; fronte thoracæque sat fortiter dense punctatis; elytris striato-punctatis, interstitiis distincte punctulatis. ♂ ♀ *alati.*

Haltica fusiformis, ILLIGER, Mag. VI, 174, 155. — ALLARD, Soc. Ent. 813, 211. 1860. — KUTSCHERA, Wien Ent. Monat. 1864, 392, 8. — ALLARD, Abeille, IV, 1867, 450, 312, 11.

Long., 3 mill. ; — larg., 1 mill. 2/3.

PATRIE. Provence, les environs de Marseille et de Toulon. Juin.

OBS. Cette espèce est facile à confondre avec la *Psyllioda herbacea* Foudras. Elle est d'une taille à peine moindre et d'un vert bronzé plus obscur. Le front et le prothorax sont moins fortement ponctués, avec les

---

(1) N'ayant pour but, dans ce supplément, que de faire connaître quelques espèces nouvelles ou peu répandues, nous ne donnerons qu'une phrase diagnostique de celles que nous avons eues sous les yeux et qui sont déjà décrites par M. Allard. Quant à celles que nous n'avons pas vues, nous nous contenterons de renvoyer à ce célèbre monographe.

intervalles des points plus lisses ou moins distinctement chagrinés, et les côtés de ce dernier plus obliques, moins rectilignes et surtout plus courts, attendu que le calus antérieur se prolonge plus en arrière, jusque près du milieu. Les intervalles des stries des élytres sont beaucoup plus distinctement ponctués. L'abdomen est moins densement ponctué. Les antennes sont moins obscurcies vers leur extrémité, et les pieds d'un roux ferrugineux plus clair ou subtestacé, etc.

Les élytres sont parfois d'un bronzé obscur, d'autres fois, surtout dans les exemplaires immatures, elles sont testacées avec un léger reflet métallique.

Cette espèce appartient à la division de celles à tête assez saillante ou seulement légèrement inclinée. Les espèces qui suivent rentrent aussi dans la même division.

2. Psylliodes laticollis, KUTSCHERA.

KUTSCHERA, Wien Ent. Monat. 1864, 388, 4. — ALLARD, Abeille, IV, 1867, 445, 307, 6 (Sicile).

3. Psylliodes Milleri, KUTSCHERA.

KUTSCHERA, 390, 6. — ALLARD, 448, 310, 9 (Céphalonie).

4. Psylliodes luridipennis, KUTSCHERA.

KUTSCHERA, 393, 9. — ALLARD, 450, 313, 12 (Angleterre).

5. Psylliodes pyritosa, KUTSCHERA.

KUTSCHERA, 396, 11. — ALLARD, 454, 317, 16 (Carinthie).

6. Psylliodes cupreata, DUFTSCHMID.

DUFTSCHMID, Faun. Austr. III, 182, 64, 1825. — ALLARD, Ann. Soc. Ent. Fr. 1860, 805, 202. — Abeille, IV, 1867, 455, 319, 18 (France, Autriche).

7. Psylliodes subaenea, KUTSCHERA.

KUTSCHERA, 407. — ALLARD, 466, 330, 29 (Autriche, Transylvanie).

8. Psylliodes lauticollis, ALLARD.

ALLARD, Abeille, IV, 468, 332, 31 (Sicile).

9. Psylliodes laevifrons, Kutschera.

Kutschera, 414, 27. — Allard, 474, 338, 37 et 498, 367, 37 (Sicile).

10. Psylliodes obscuro-aenea, Rosenhauer.

Rosenhauer, Andal. 1856, 342. — Allard, IV, 499, 368, 37ª (Espagne).

11. Psylliodes Algirica, Allard.

Allard, Soc. Ent. Fr. 1859, 261 et 1860, 829, 231. — Kutschera, 818, 30, 1864.—
Allard, Ab. IV, 477, 341, 40 (Sicile).

12. Psylliodes Gougeleti, Allard.

Ovata, convexa, fusco-aenea, antennis pedibusque rufis, femoribus posticis nigris; encarpis obsoletis, fronte thoraceque distinctius punctatis; elytris sat fortiter punctato-striatis, interstitiis sublaevibus.

Psylliodes Gougeleti, Allard, Ann. Soc. Ent. Fr. 1860, 821, 222. — Kutschera,
Wien Ent. Monat. 1864, 426, 36. — Allard, Ab. IV, 485, 351, 50.

Long., 1 mill. 3/4 ; — larg., 1 mill. 1/3.

Patrie. L'Espagne.

Obs. Cette espèce ressemble à la *Psylliodes rufilabris* Foudras (*gibbosa* Allard), mais elle est un peu moindre. Les parties de la bouche sont plus obscures; le prothorax est moins fortement et moins densement ponctué, et les intervalles des stries sont presque lisses ou avec une ponctuation presque imperceptible.

Elle est plus courte, plus convexe, plus fortement ponctuée que la *petasata*.

Elle se rapporte à la division des espèces à tête verticale.

13. Psylliodes Sicana, Mulsant et Rey.

Ovata, subconvexa, rufo-ferruginea, oculis, postpectore, abdomine femoribusque posticis nigris, labro suturaque infuscatis; encarpis indistinctis; fronte vix, thorace fortius punctatis; elytris punctatostriatis, interstitiis vix punctulatis. ♂ ♀ alati.

Long., 2 mill. 1/2 ; — larg., 1 mill. 1/2.

Corps en ovale assez allongé, subconvexe, d'un roux ferrugineux brillant.

Tête petite. *Carène* déprimée. *Festons* indistincts. *Front* faiblement convexe, finement chagriné, à peine pointillé. *Labre* obscur. *Les autres parties de la bouche* testacées.

Yeux grands, noirs.

Antennes atteignant la moitié de la longueur du corps ; un peu plus épaisses vers leur extrémité ; très-finement pubescentes et éparsement sétosellées ; rousses, avec la base un peu plus claire ; les quatre premiers articles très-allongés, les suivants allongés, subégaux.

Prothorax deux fois aussi large que long ; sensiblement rétréci en avant ; tronqué au sommet, subarrondi à la base et sur les côtés, avec le calus antérieur épais et occupant au moins le tiers du rebord latéral ; assez fortement convexe ; offrant, de chaque côté, vers le tiers de la base, une impression à peine distincte ; très-finement chagriné et en outre visiblement et assez densement ponctué ; d'un roux ferrugineux brillant, avec le rebord postérieur un peu rembruni.

Écusson lisse, brillant, couleur de poix.

Élytres oblongues, plus larges à leur base que le prothorax et presque quatre fois plus prolongées que lui ; arcuément atténuées vers leur extrémité ; assez convexes dans leur ensemble, mais presque subdéprimées sur le dos vers la suture ; distinctement et régulièrement ponctuées-striées, avec les rangées striales s'effaçant en arrière, et les intervalles presque lisses ou à peine pointillés ; d'un roux ferrugineux brillant, avec la suture étroitement rembrunie depuis son quart antérieur jusque près du sommet. *Calus huméral* assez saillant, lisse.

Dessous du corps distinctement et subrugueusement ponctué, légèrement pubescent, d'un noir brillant, avec le dessous du prothorax roux.

Pieds légèrement pubescents, d'un roux ferrugineux assez clair ou subtestacé, avec les cuisses postérieures d'un noir de poix, leur face interne graduellement roussâtre vers leur base et les trochanters de cette dernière couleur. La tranche inférieure des mêmes cuisses subarrondie.

Patrie. La Sicile.

Obs. Cette espèce ressemble beaucoup à la *Psylliodes affinis*, Paykull.

Elle est un peu plus grande, et d'une couleur tirant plus sur le ferrugineux. La tête est moins obscure et moins lisse. Le prothorax est moins fortement ponctué. Les rangées striales des élytres sont formées de points moins gros et moins profonds, les intervalles sont encore plus lisses, et le sommet de chacune est individuellement plus arrondi. Les cuisses postérieures ne sont nullement angulées à leur tranche inférieure.

Elle semblerait se rapprocher de la *Psylliodes Lethierryi* d'Allard (*Soc. Ent. Fr.* 1860, 808, 206, et *Ab.* IV, 463, 327, 26, 1867) ; mais celle-ci aurait la tête plus fortement ponctuée, le prothorax moins court et les élytres plus profondément et plus grossièrement ponctuées-striées ; la couleur générale serait plus pâle, etc.

1. Dibolia Pelleti, ALLARD.

ALLARD, Ann. Soc. Ent. Fr. 1860, 788, 185. — Ab. IV, 1867, 422, 289, 4. — KUTSCHERA, Wien Ent. Monat. 1864, 444 (France méridionale).

2. Dibolia Fondrasi, MULSANT et REY.

Oblongo-ovata, convexior, nitida, nigro-aenea, antennis, geniculis, tibiis, tarsisque rufis; encarpis, sublaevibus; fronte rugosa; thorace sat fortiter et sat dense punctato; elytris punctato-striatis, interstitiis vix punctulatis. Alae incompletae.

Long., 2 mill. 1/4. — Larg., 1 mill. 1/2.

Corps en ovale oblong, assez convexe, brillant, d'un noir bronzé.

Tête verticale, d'un noir bronzé assez brillant. *Carène faciale* étroite, presque lisse, dilatée et divariquée en avant. *Festons* presque lisses. *Front* finement, densement et rugueusement ponctué. *Labre* subconvexe, d'un noir de poix, biponctué.

Yeux très-grands, noirs.

Antennes atteignant à peine la moitié du corps ; finement pubescentes ; entièrement d'un roux subtestacé, avec les troisième à cinquième articles assez allongés, les suivants oblongs, subégaux.

Prothorax court, presque deux fois aussi large que long ; subrétréci en avant ; largement tronqué au sommet ; à peine arqué ou presque droit sur

les côtés, avec le calus du rebord latéral épais, ombiliqué, occupant le
quart antérieur ; bissinué à sa base, avec le lobe médian large , sensiblement prolongé et fortement arrondi ; assez fortement convexe ; très-finement chagriné et en outre assez fortement et assez densement ponctué,
avec les points des côtés un peu plus forts et un peu plus profonds ; entièrement d'un bronzé obscur et brillant.

Écusson lisse, brillant, d'un bronzé obscur.

Élytres oblongues, à peine plus larges en avant que la base du prothorax ; subovalairement arquées sur leurs côtés et obtuses à leur sommet ;
assez fortement convexes ; offrant des rangées striales assez régulières et
assez distantes, composées de points assez forts mais s'affaiblissant en
arrière, avec les intervalles à peine chagrinés ou presque lisses et parés
d'une série de points très-fins et à peine visibles ; entièrement d'un noir
brillant et nullement submétallique. *Calus huméral* effacé, ponctué.

Dessous du corps à peine pubescent, d'un noir assez brillant. *Prosternum* fortement, densement et rugueusement ponctué. *Métasternum* presque
lisse ou obsolètement ridé en travers. *Ventre* assez convexe, éparsement,
obsolètement et grossièrement ponctué, surtout dans sa partie postérieure.

Pieds éparsement pubescents, d'un noir de poix, avec les trochanters
roussâtres, les genoux, les tibias et les tarses d'un roux subtestacé, et les
ongles plus foncés.

Patrie. Cette espèce a été prise, en juin, dans la Basse-Bourgogne, aux
environs de Cluny, sur les chênes.

Obs. Elle est extrêmement voisine de la *Dibolia Buglossi* Foudras (*Foers-
teri* Allard, *Ab*. III, 428, 296, 11). Elle est un peu plus oblongue et un
peu moins convexe. Le front est plus rugueux et plus densement ponctué.
Le prothorax est moins noir, moins convexe, moins déclive et moins arqué
sur les côtés, avec les angles postérieurs moins obtus et nullement arrondis ; sa ponctuation est sensiblement plus forte. Les points des rangées
striales des élytres sont aussi forts que ceux du prothorax, et ils s'affaiblissent un peu moins en arrière que chez la *Buglossi ;* leurs intervalles
sont aussi un peu plus lisses, etc.

3. Dibolia Chevrolati, ALLARD.

Oblongo-ovata, subconvexa, nitida, caerulea, capite thoraceque aeneis, antennarum basi, geniculis tarsisque rufis; encarpis unipunctatis; fronte subtiliter, thorace fortius punctatis; elytris basi confuse, lateribus sub-seriatim punctatis.

Dibolia Chevrolati, ALLARD, Ann. Soc. Ent. Fr. 1861, 338. — Ab. IV, 1867, 432, 300, 15. — KUTSCHERA, Wien Ent. Monat. 1864, 444.

Long., 2 mill. 1/3 ; — larg., 1 mill. 1/2.

PATRIE. La Russie méridionale.

OBS. Cette espèce, par la couleur bleue de ses élytres, se distingue facilement de toutes ses congénères d'Europe. Elle ressemble à la *maura* (Allard, *Ab*. III, 1867, 431, 299, 14), espèce d'Algérie, entièrement bleuâtre, avec les quatre tibias et les tarses antérieurs d'un roux ferrugineux,

1. Chaetocnema subcaerulea, KUTSCHERA.

Oblongo-ovata, convexa, subnitida, fusco-caerulea, antennarum basi ferruginea, articulo primo basi infuscato; tibiis tarsisque rufis, illis saepe medio subinfuscatis; epistomate fortiter, fronte subtilius punctatis; thorace distincte punctato; elytris sat fortiter striato-punctatis, punctis dorsalibus suturam versus confusis; callo humerali subelevato, laevi. ♂ ♀ alati.

Plect. oscelis subcaerulea, KUTSCHERA, Wien. Ent. Monat. 1864, 346, 17.— ALLARD, Ab. IV, 1867, 283, 158, 19.

Long., 2 mill ; — larg., 1 mill.

PATRIE. Le Bugey, les montagnes du Lyonnais, dans les prés humides.

OBS. Cette espèce, confondue longtemps avec la *Ch. Sahlbergi*, s'en distingue par une taille un peu moindre et par une forme un peu plus étroite. La ponctuation générale est moins forte et moins rugueuse, principalement celle du prothorax et notamment celle du front. Le prothorax est moins court et la ponctuation des élytres est plus confuse vers la suture, etc.

Elle répond à la *Sahlbergi*, var. *a*, de Foudras.

La var. *b*, que le même monographe rapporte à l'*insolita*, de Dejean, nous semble devoir être une *meridionalis* à taille moindre, à forme plus étroite, à stries des élytres plus régulières, plus fortement ponctuées et à intervalles plus lisses. Le prothorax est moins bronzé, il est ordinairement bleuâtre ; mais l'écusson reste cuivreux, ce qui nous force à réunir l'*insolita* à la *meridionalis*.

Cette variété remarquable a été capturée dans les prés humides des environs de Lyon et de Belleville-sur-Saône.

2. Chaetocnema punctatula, MULSANT et REY.

Oblonga, subconvexa, nitida, obscuro-caerulea; antennarum basi ferruginea, articulo primo basi infuscato; tibiis tarsisque rufis, illis medio subinfuscatis; epistomate fortiter, fronte subtilissime punctatis; thorace lateribus modice punctato, disco sublaevi; elytris fortiter punctato-striatis, punctis basin et suturam versus confusis. Callo humerali subelevato, laevi. ♂ ♀ alati.

Long., 1 mill. 1/2 ; — larg., 3/4 mill.

Corps ovale-oblong, subconvexe, brillant, d'un bleu plus ou moins obscur.

Tête subverticale, d'un bleu obscur et assez brillant. *Face* parsemée de poils d'un gris blanchâtre, fortement et assez densement ponctuée, à intervalles finement chagrinés. *Front* subconvexe, très-finement chagriné, offrant en outre une ponctuation très-légère et modérément serrée. *Labre* finement chagriné, brunâtre.

Yeux grands, noirs.

Antennes atteignant à peine la moitié du corps, subépaissies vers leur extrémité ; très-finement pubescentes et en outre éparsement pilosellées ; obscures, avec les quatre ou cinq premiers articles ferrugineux, mais le premier plus ou moins obscurci à sa base : les troisième à sixième assez allongés, les septième à dixième graduellement moins longs : le dernier elliptique, plus long que les pénultièmes.

Prothorax court, environ une fois et deux tiers aussi large que long ; à peine plus étroit en avant ; largement tronqué au sommet ; subarqué sur les côtés ; subsinué de chaque côté de sa base et largement et obtusément arrondi dans le milieu de celle-ci ; très-convexe sur le dos ; très-finement chagriné et en outre assez fortement et densement ponctué sur les côtés, mais plus éparsement, obsolètement ou presque lisse sur son milieu ; entièrement d'un noir bleuâtre et assez brillant.

Écusson lisse, d'un bleu presque noir.

Élytres oblongues, un peu plus larges à leur base que le prothorax ; environ trois fois plus prolongées que celui-ci ; subovalairement arquées sur les côtés et obtusément acuminées au sommet ; assez convexes, parfois |subdéprimées sur le dos vers la suture ; fortement striées-ponctuées, avec les points de la base et ceux de la région scutellaire plus ou moins confus jusques après le milieu de la suture, et les intervalles lisses ou presque lisses ; entièrement d'un bleu obscur et brillant. *Calus huméral* saillant, lisse.

Dessous du corps à peine pubescent, d'un noir submétallique, fortement et rugueusement ponctué. *Métasternum* fovéolé sur son milieu. *Ventre* convexe, moins densement et moins fortement ponctué en arrière.

Pieds légèrement pubescents, d'un noir bleuâtre, avec les tibias et les tarses roux : les tibias, surtout les antérieurs, souvent obscurcis et submétalliques dans leur milieu, et tous les ongles plus ou moins rembrunis.

PATRIE. Cette espèce a été trouvée au bord des étangs, dans le Dauphiné, la Bresse et le Bourbonnais.

OBS. Elle ressemble beaucoup à la *subcaerulea*, dont on la croirait une variété. Mais elle est encore un peu plus étroite et un peu moindre. Elle est surtout beaucoup plus brillante. Le prothorax est plus lisse sur son milieu, et la ponctuation interne des élytres est confuse sur une plus grande étendue au lieu de se borner seulement à la région scutellaire, et les intervalles des points sont plus lisses, etc.

Souvent le prothorax offre vers le milieu de ses côtés une fossette plus ou moins distincte.

3. Chaetocnema arenacea, Allard.

Breviter ovata, parum convexa, subnitida, fusco-aenea ; antennarum basi ferruginea, articulo primo infuscato ; tibiis tarsisque rufo-testaceis, tibiis anterioribus saepe infuscatis ; epistomate sat fortiter, fronte subtilius punctatis ; thorace tenuiter punctato ; elytris extus striato-punctatis, intus subtilius sed confuse punctulatis. Callo humerali subelevato, laevi. ♂ ♀ alati.

Ptectroscelis arenacea, Allard, Ann. Soc. Ent. Fr. 1860, 569, 173. — Ab. IV, 1867, 282, 156, 17. — Kutschera, Wien Ent. Monat. 1864, 343, 14.

Long., 2 mill. ; — larg., 1 1/4 mill.

Patrie. Les environs de Lyon, la Provence.

Obs. Cette espèce est bien distincte par la ponctuation de son prothorax beaucoup plus fine et plus serrée que dans aucune autre. Celle des élytres est assez fine, confuse sur la majeure partie du disque, avec seulement deux ou trois stries externes. La forme est plus ramassée, moins convexe, et la couleur moins brillante que chez l'*arida* Foudras (*confusa*, Bohemann, *Stock*. 1851, 234).

4. Chaetocnema scabricollis, Allard.

Breviter ovata, subconvexa, subnitida, fusco-aenea, antennarum basi, tibiis tarsisque rufis ; capite thoraceque dense fortiter punctatis ; elytris extus seriatim, intus confuse fortiter punctatis. ♂ ♀ alati.

Plectroscelis scabricollis, Allard, Ann. Soc. Ent. Fr. 1860, 569, 174. — Ab. IV, 1867, 283, 157, 18. — Kutschera, Wien Ent. Monat. 1864, 352.

Long., 2 mill. — Larg., 1 1/4 mill.

Patrie. La France, le Beaujolais.

Obs. Cette espèce ressemble à la *Ch. arenacea* pour la forme, mais elle est beaucoup plus fortement ponctuée. Elle a la couleur de l'*aridula ;* elle est plus courte, plus ramassée ; la ponctuation de la tête et du prothorax est beaucoup plus forte et plus profonde, 'et celle du dos des élytres est plus confuse.

1. **Thyamis dimidiata**, ALLARD (1).

ALLARD, (Desbrochers des Loges, inédit), Ab. IV, 1867, 329, 195, 20 (France méridionale).

2. **Thyamis cuprina**, KUTSCHERA.

KUTSCHERA, Wien Ent. Monat. 1862, 108, 5. — ALLARD, Ab. IV, 1867, 332, 198, 23 (Zante).

3. **Thyamis Mediterranea**, ALLARD,

ALLARD, Ab. IV, 1867, 332, 199, 24 (France méridionale).

4. **Thyamis absinthii**, KUTSCHERA.

KUTSCHERA, Wien Ent. Monat. 1862, 217, 8. — ALLARD, Ab. IV, 1867, 326, 192, 17 (Allemagne, Angleterre).

5. **Thyamis Bonnairei**, ALLARD.

Oblongo-ovata, convexa, nitida, nigra; antennarum basi rufa, tibiis quatuor anticis rufo-piceis, geniculis tarsisque omnibus rufo-testaceis; fronte laevissima; thorace subtilissime, elytris fortius sat dense punctatis, his apice obtuse truncatis, pygidio conspicuo. ♂ ♀ apteri.

Thyamis Bonnairei, ALLARD, Ab. IV, 1867, 344, 209, 34.

Long., 1 mill. 1/2 ; — larg., 3/4 mill.

PATRIE. La Corse.

OBS. Cette espèce a la tournure de la *gibbosa* Foudras, mais elle est un peu plus oblongue, plus obtuse en arrière et d'une couleur beaucoup plus noire et plus brillante. Les antennes et les pieds sont aussi autrement colorés, et les points des élytres sont moins grossiers, plus serrés et plus confus, etc.

---

(1) Au lieu de *Teinodactyla*, on a adopté le nom de *Thyamis*, qui est le plus ancien (Stephens, Ill. et Man. 1831), après celui de *Longitarsus* (Latreille, 1826, Faun. Nat. 25), rejeté à cause de son étymologie latine.

6. Thyamis nigerrima, Gyllenhal.

Gyllenhal, Ins. Suec. IV, 656, 13-14, 1825. — Allard, Ab. IV, 1867, 321, 187, 12. Suède.

7. Thyamis submaculata, Kutschera.

Kutschera, Wien Ent. Monat. 1863, 154, 17. — Allard, Ab. IV, 1867, 382, 247, 17 (Finlande).

8. Thyamis quadrisignata, Kutschera.

Kutschera, Wien Ent. Monat. 1863, 155, 18. — Allard, Ab. IV, 1867, 383, 248, 72 (Autriche).

9. Thyamis fuscula, Kutschera.

Kutschera, Wien Ent. Monat. 1864, 273. — Allard, Ab. IV, 1867, 363, 228, 52 (Angleterre).

10. Thyamis pallidicornis, Kutschera.

Kutschera, Wien Ent. Monat. 1863, 164. — Allard, Ab. IV, 1867, 335, 201, 26 (Autriche).

11. Thyamis gravidula, Kutschera.

Kutschera, Wien Ent. Monat. 1863, 166. — Allard, Ab. IV, 1867, 338, 204, 29.

12. Thyamis nebulosa, Allard.

Allard, Ab. IV, 1867, 495, 364, 62 [a] (Corse).

13. Thyamis papaveris, Allard.

Allard, Ab. IV, 1867, 394, 260, 84 (France).

14. Thyamis nigrocilla, Motschulsky.

Motschulsky, Bull. Mosc. 1849, II, 146. — Allard, Ab. IV, 1867, 494, 363, 25 [a] (Espagne).

15. Thyamis Poweri, ALLARD.

ALLARD, Ab. IV, 1867, 408, 237, 97 (Angleterre).

16. Thyamis patruelis, ALLARD.

Ovata, convexa, nitidula, rufa; capite nigro-piceo; thorace saepius subinfuscato, sat dense sed parum profunde punctato; elytrorum sutura tenuiter infuscata, his dense fortius punctatis, punctis baseos subseriatis, fœtris inordinatis; antennis pedibusque ferrugineis, illis apice infuscatis, cemoribus posticis nigreo-piceis. ♂ ♀ subapteri.

Thyamis patruelis, ALLARD, Ab. IV, 1867, 398, 263, 87.

Long., 2 mill. 1/2 ; — larg., 1 mill. 1/2.

PATRIE. Les environs de Paris, la Suisse, les montagnes du Lyonnais.

OBS. Cette espèce est bien voisine de la *fuscicollis* Foudras (*atricilla* Allard) ; mais la tête est plus noire, la carène frontale est plus saillante, moins épâtée ; la ponctuation du prothorax, aussi grossière, est généralement moins profonde ; celle des élytres, au contraire, est un peu plus forte et surtout plus régulière vers la base, où elle forme, jusque vers le milieu, des rangées striales distinctes. Elle se distingue de l'*atricapilla* Foudras (*melanocephala* Allard) par son prothorax plus distinctement ponctué et surtout par ses élytres plus obtuses à leur extrémité.

17. Thyamis curta, ALLARD.

ALLARD, Ann. Soc. Ent. Fr. 1860, 832 ; — Ab. IV, 1867, 410, 276, 100. — KUST-CHERA, Wien Ent. Monat. 1864, 41 (France, Autriche).

18. Thyamis Moscovita, ALLARD.

ALLARD, Ab. IV, 1867, 415, 280, 104 (Moscou).

19. Thyamis australis, MULSANT et REY.

Oblongo-ovata, convexa, nitidula, testacea; labro nigro, capite metasternoque rufo-piceis; fronte sublaevi, thorace parce punctato, elytris fortiu

*basi subseriatim, postice confuse punctatis; pedibus testaceis, femoribus
posticis ferrugineis, geniculo nigro.* ♂ ♀ *alati.*

♂ *Abdomen* assez densement et rugueusement ponctué, *à cinquième
arceau* angulairement échancré au devant de l'hémicycle du pygidium,
avec le sommet de l'angle prolongé en une fine carène jusqu'au milieu
du dit arceau.

♀ *Abdomen* éparsement ponctué, *à cinquième arceau* normal.

Long., 2 mill. 3/4 ; — larg., 1 mill. 3/4.

Corps ovalaire-oblong, convexe, d'un testacé brillant.

Tête subverticale, d'un roux de poix brillant. *Carène* sublinéaire, assez
saillante. *Front* lisse ou presque lisse. *Labre* d'un noir de poix, avec les
autres parties de la bouche ferrugineuses.

Yeux grands, noirs, à facettes grossières.

Antennes dépassant un peu le milieu du corps, à peine épaissies vers
leur extrémité ; finement pubescentes et éparsement sétosellées ; testacées,
légèrement et graduellement rembrunies vers leur extrémité dès le sommet
du sixième article : le deuxième oblong, le troisième suballongé, les
suivants plus ou moins allongés : le dernier fusiforme, fortement acuminé
au sommet.

Prothorax court, presque deux fois aussi large que long ; à peine plus
étroit en avant ; largement tronqué au sommet, subarqué sur les côtés et
à la base ; assez convexe ; éparsement et assez grossièrement mais obsolètement ponctué, avec les intervalles des points presque lisses ; d'un
testacé brillant, marqué parfois çà et là de taches livides et plus obscures.

Écusson lisse, d'un roux ferrugineux.

Élytres oblongues, au moins quatre fois plus longues que le prothorax,
beaucoup plus larges en avant que la base de celui-ci ; subovalairement
arquées sur les côtés et obtusément subarrondies à leur sommet ; sensiblement convexes ; très-finement chagrinées et en outre assez fortement
ponctuées, avec les points du dos subsérialement disposés jusque vers le
milieu, et ceux de la partie postérieure un peu plus faibles et surtout plus
confus ; entièrement d'un roux testacé assez brillant. *Calus huméral* assez
saillant, finement chagriné.

Dessous du corps à peine pubescent, d'un roux brillant, avec le métas-

ternum plus foncé ou d'un roux de poix. *Prosternum* et *mésosternum*
finement rugueux. *Métasternum* finement ridé en travers, finement canaliculé sur sa ligne médiane. *Ventre* convexe, plus ou moins rugueusement
ponctué.

Pieds légèrement pubescents, testacés, avec les cuisses postérieures ferrugineuses et leur genou noir, et l'article terminal de tous les tarses parfois un peu rembruni vers son extrémité.

Patrie. Cette espèce se trouve dans le Languedoc et le Dauphiné.

Obs. C'est à la *femoralis* Foudras (*pratensis*, Allard) qu'elle ressemble
le plus, mais elle en est bien distincte. Par exemple, elle est plus grande,
la couleur générale est un peu plus pâle ; le prothorax est moins ponctué ;
les épaules sont un peu moins saillantes ; la suture n'est point obscurcie ;
le dessous du corps, surtout le ventre, est toujours plus ou moins roux,
au lieu d'être noir ; les cuisses postérieures sont moins rembrunies vers
leur extrémité, etc.

Elle est un peu moindre que la *rufula* Foudras, plus brillante et plus
distinctement ponctuée. Le métasternum et le ventre sont moins lisses, et
les genoux des pieds postérieurs plus noirs.

20. Thyamis abdominalis, Allard.

*Oblongo-ovata, convexa, nitida, rufo-ferruginea, capite rufo-piceo,
postpectore abdomineque nigris; encarpis obliquis, fronte tenuissime coriacea, thorace distinctius, elytris fortius punctatis, harum punctis antice
subseriatis, postice confusis; pygidio griseo-pubescente; pedibus testaceis,
femoribus posticis piceo-ferrugineis.* ♀ *aptera.*

Teinodactyla abdominalis, Allard, Ann. Soc. Ent. Fr. 1860, 832. — Kutschera,
   Wien Ent. Monat. 1864, 283.
Thyamis abdominalis, Allard, Ab. IV, 1867, 411, 277, 101.

Long., 1 mill. 1/3 ; — larg., 2/3 mill.

Patrie. La France, les environs de Lyon.

Obs. Elle diffère de la *lycopi* Foudras par une taille un peu plus forte
et plus convexe ; la tête est un peu moins obscure ; les élytres sont moins

rembrunies sur la suture ; elles sont plus courtes et elles ne recouvrent pas le pygidium.

Nous n'en avons vu qu'une ♀ qui est aptère.

21. Thyamis monticula, KUTSCHERA.

KUTSCHERA, Wien Ent. Monat. 1864, 44, 46. — ALLARD, Ab. IV, 1867, 372, 237, 61 (Styrie).

22. Thyamis obsoleta, MULSANT et REY.

Oblongo-ovata, convexa, nitidula, rufo-testacea, vertice labroque nigris; fronte subtiliter coriacea ; thorace elytrisque obsolete punctulatis.

Long., 1 mill. 1/4 ; — larg., 2/3 mill.

Corps ovalaire-oblong, convexe, brillant, d'un roux testacé, avec le vertex noir.

Tête subinclinée, assez brillante. *Face* d'un roux ferrugineux, à carène assez saillante, sublinéaire. *Front* et *vertex* finement chagrinés, noirs. *Labre* d'un noir de poix, avec les autres parties de la bouche ferrugineuses.

Antennes à peine plus longues que la moitié du corps, à peine plus épaisses vers leur extrémité; finement pubescentes et en outre éparsement pilosellées ; entièrement testacées ou à peine plus foncées vers leur extrémité, avec les troisième à dixième articles suballongés, le dernier fusiforme, un peu plus long que les pénultièmes.

Prothorax court, deux fois aussi large que long; un peu plus étroit en avant ; tronqué au sommet ; subarqué sur les côtés et à la base ; assez fortement convexe ; à peine chagriné et en outre finement, obsolètement et peu densement ponctué ; entièrement d'un roux testacé brillant.

Écusson presque lisse, d'un roux testacé.

Élytres oblongues ou même suballongées, environ quatre fois plus longues que le prothorax, un peu plus larges en avant que la base de celui-ci ; subovalairement arquées sur les côtés et subarrondies au sommet; assez convexes ; très-finement chagrinées et en outre finement, obsolètement et assez densement ponctuées, avec les points de la base non ou à peine visiblement disposés en séries régulières. *Calus huméral* peu saillant, presque lisse.

Dessous du corps d'un roux ferrugineux, avec le postpectus plus obscur. *Ventre* obsolètement ponctué.

Pieds à peine pubescents, testacés, avec les cuisses postérieures rousses.

Patrie. Les environs de Lyon.

Obs. Cette espèce se place à côté de la *tantula* Foudras. Elle s'en distingue par sa forme plus convexe, plus régulièrement ovalaire, et par sa couleur générale plus pâle. Le prothorax et surtout les élytres sont beaucoup moins distinctement ponctués. La suture et l'extrémité des cuisses postérieures ne sont nullement rembrunies, etc.

23. Thyamis scutellaris, Mulsant et Rey.

Oblongo-ovata, subconvexa, subnitida, rufa, capite, scutello, pectore, abdomine et femoribus posticis nigro-piceis; fronte subtiliter coriacea; thorace elytrisque distinctius punctatis, harum punctis anticis subseriatis, posticis confusis.

Long., 1 mill. 1/2 ; — larg., 3/4 mill.

Corps ovalaire-oblong, subconvexe, assez brillant, roux avec la tête et le dessous d'un noir de poix.

Tête inclinée, d'un noir peu brillant. *Carène faciale* moins foncée, obtuse. *Front* très-finement chagriné, biponctué. *Labre* lisse, d'un noir de poix, avec les autres parties de la bouche ferrugineuses.

Yeux grands, noirs.

Antennes environ de la longueur de la moitié du corps, à peine épaissies vers leur extrémité ; très-finement pubescentes et à peine pilosellées ; rousses avec l'extrémité à peine plus foncée ; à deuxième et troisième articles oblongs, les autres suballongés ; le dernier fusiforme, un peu plus long que les pénultièmes, fortement acuminé au sommet.

Prothorax court, deux fois aussi large que long ; à peine plus étroit en avant ; tronqué au sommet ; presque droit sur les côtés et sur le milieu de sa base, avec celle-ci obliquement et arcuément coupée de chaque côté ;

assez convexe ; très-finement chagriné et en outre distinctement et assez densement ponctué ; entièrement d'un roux assez brillant.

Écusson presque lisse, d'un noir de poix assez brillant.

Élytres oblongues, environ quatre fois plus longues que le prothorax ; sensiblement plus larges que la base de celui-ci ; subovalairement arquées sur les côtés et obtusément arrondies au sommet ; assez convexes, parfois subdéprimées sur le dos vers la suture ; très-finement chagrinées et en outre distinctement et assez densement ponctuées, avec les points antérieurs plus ou moins disposés en séries obliques et les postérieurs confus ; entièrement d'un roux assez brillant, avec la suture non visiblement rembrunie. *Épaules* assez saillantes, finement chagrinées.

Dessous du corps à peine pubescent, obsolètement ponctué, d'un noir de poix brillant avec le repli inférieur du prothorax roux. *Abdomen* transversalement ridé.

Pieds finement pubescents, d'un roux testacé, avec les cuisses postérieures d'un noir de poix, à l'exception de leurs articulations.

Patrie. Cette espèce a été capturée en Provence.

Obs. Elle ressemble beaucoup à la *pusilla*, mais elle est un peu plus grande, un peu moins brillante, un peu moins parallèle et un peu plus fortement ponctuée. L'écusson et les cuisses postérieures sont plus obscurs, etc.

24. Thyamis funerea, Mulsant et Rey.

Oblongo-ovata, parum convexa, subnitida, nigro-picea, antennis pedibusque rufis, elytris piceo-testaceis, sutura limboque postico infuscatis ; fronte sublaevi ; thorace subtiliter, elytris distinctius punctatis. ♂ ♀ alati.

♂ Le *dernier arceau ventral* offrant au devant de l'hémicycle une grande impression subarrondie. *Pygidium* recouvert.

♀ Le *dernier arceau ventral* offrant une simple impression oblongue et obsolète. *Pygidium* découvert, saillant.

Long., 1 mill. 1/4 ; — larg., 3/4 mill.

Patrie. Les environs de Lyon, le Beaujolais.

Obs. Nous ne donnons cette espèce que comme une variété remarquable de la *pusilla*. Non seulement le prothorax est rembruni , mais encore les élytres sont d'un testacé obscur, avec la suture et le bord postérieur d'un noir de poix ; parfois même, elles présentent, sur le milieu de leur disque, une teinte plus ou moins enfumée. Elles paraissent un peu plus fortement ponctuées que chez la *pusilla*. Dans la ♀ , elles sont obtusément et largement tronquées et elles laissent le pygidium tout à fait à découvert. Malgré toutes ces différences, il nous faudrait des matériaux plus nombreux, pour juger sûrement si cette espèce est réellement valable.

25. Thyamis medicaginis, ALLARD.

ALLARD , Ann. Soc. Ent. Fr. 1860, 124, 72 ; — Ab. IV, 1867, 366, 230, 54. — KUTSCHERA, Wien Ent. Monat. 1864, 143, 52 (environs de Paris).

26. Thyamis minima, KUTSCHERA.

KUTSCHERA, Wien Ent. Monat. 1864, 144, 53. — ALLARD, Ab. IV, 1867, 370, 235, 59 (Autriche, Espagne).

27. Thyamis Reichei, ALLARD.

ALLARD , Ann. Soc. Ent. Fr. 1860, 132, 80 ; — Ab. IV, 1867, 366, 231, 55. — KUTSCHERA, Wien. Ent. Monat. 1864, 145, 54 (France, Angleterre).

28. Thyamis sternalis, MULSANT et REY.

Oblongo-ovata, subconvexa, nitidula, pallide rufa ; pectore abdominisque segmento primo nigris ; antennarum femorumque posticorum apice infuscato ; elytrorum sutura tenuiter picescente ; fronte sublaevi ; thorace elytrisque distinctius confuse punctatis. ♂ ♀ alati.

Long., 2 mill.; — larg., 1 mill.

Corps ovalaire-oblong, subconvexe, brillant, d'un roux pâle, avec la poitrine et le premier arceau du ventre noirs.

Tête inclinée, d'un roux testacé brillant. *Carène faciale* mousse, épâtée. *Front* subconvexe, presque lisse ou à peine chagriné, avec le vertex d'une couleur parfois plus foncée. *Labre* d'un noir de poix très-brillant.

Yeux grands, saillants, noirs, séparés du prothorax par un intervalle sensible.

Antennes à peine plus longues que la moitié du corps, à peine plus épaisses vers leur extrémité ; très-finement pubescentes et légèrement pilosellées ; d'un roux clair avec les quatre ou cinq derniers articles plus foncés : le deuxième oblong, assez renflé : les troisième et quatrième allongés, le cinquième très-allongé : les sixième à dixième allongés, subégaux : le dernier à peine plus long que le pénultième, elliptique, subacuminé au sommet.

Prothorax court, presque deux fois aussi large que long ; un peu plus étroit en avant ; tronqué au sommet ; à peine arqué à la base, plus sensiblement sur les côtés ; à angles postérieurs obtus ; à rebord latéral bien marqué, avec son calus étroit, mais occupant le tiers antérieur ; assez convexe ; distinctement et assez densement ponctué, avec les intervalles des points presque lisses ; entièrement d'un roux assez pâle et brillant.

Écusson presque lisse, d'un roux testacé.

Élytres oblongues, presque quatre fois plus longues que le prothorax, beaucoup plus larges que la base de celui-ci ; presque subparallèles environ jusqu'aux deux tiers de leur longueur et puis arcuément rétrécies et subarrondies vers leur extrémité ; subconvexes dans leur ensemble, mais plus ou moins subdéprimées sur le dos vers la suture ; légèrement ciliées à leur bord postérieur ; distinctement, assez densement et confusément ponctuées, avec les intervalles des points presque lisses ; d'un roux brillant et à peine plus pâle que le prothorax, avec la suture parée d'une trèsétroite bordure couleur de poix, commençant au premier tiers et s'arrêtant avant le sommet. *Calus huméral* saillant, pointillé, séparé du reste de la base par une fossette sensible.

Dessous du corps légèrement pubescent, d'un roux brillant, avec le milieu du prosternum et du mésosternum et le postpectus noirs, et le premier arceau du ventre d'un noir de poix. *Mésosternum* rugueux. *Métasternum* presque lisse, finement canaliculé sur sa ligne médiane. *Ventre* éparsement ponctué et obsolètement ridé en travers, à dernier arceau plus densement ponctué.

Pieds légèrement pubescents, d'un roux testacé brillant, avec le dessus des cuisses postérieures rembruni vers l'extrémité , et l'article terminal de tous les tarses obscur.

Patrie. Cette espèce a été rencontrée dans les environs de Lyon et dans le Beaujolais.

Obs. Elle est comme intermédiaire entre les espèces à suture rembrunie et celles à suture concolore. Elle ne peut être comparée qu'à la *pectoralis* Foudras. Elle est à peine plus grande, elle est surtout un peu plus fortement ponctuée sur le prothorax et les élytres, et celles-ci ont une bordure suturale obscure, très-étroite, il est vrai, mais très-apparente. La couleur noire de la poitrine, au lieu de se réduire au postpectus, s'étend sur le mésosternum, sur la lame prosternale et même sur le premier arceau ventral qu'elle envahit tout entier. Les antennes nous ont paru un peu plus grêles et un peu plus longues.

29. Thyamis livens, Mulsant et Rey.

Oblongo-ovata, subconvexa, nitidula, pallide rufa, oculis labroque nigris, antennarum apice geniculisque posticis fuscis; fronte sublaevi; thorace subtiliter, elytris fortius sat dense punctatis, harum punctis anticis subseriatis, posticis confusis. ♂ ♀ *alati.*

Long., 2 mill. 1/4 ; — larg., 1 mill. 1/4.

Corps ovalaire-oblong, subconvexe, d'un roux livide et brillant.

Tête inclinée, d'un roux ferrugineux. *Carène faciale* assez et subégalement saillante. *Front* subconvexe, presque lisse. *Labre* d'un noir de poix brillant, avec les autres parties de la bouche obscures.

Yeux grands, noirs, assez saillants, touchant au prothorax.

Antennes de la longueur de la moitié du corps ou à peine plus longues ; à peine plus épaisses vers leur extrémité ; finement pubescentes et en outre légèrement pilosellées ; d'un roux testacé à leur base, graduellement rembrunies vers leur extrémité et notamment dès le sommet du septième article : le deuxième oblong, assez renflé, le troisième allongé, les suivants encore plus allongés, subégaux : le dernier subégal aux pénultièmes, fusiforme, acuminé au sommet.

Prothorax court, environ une fois et deux tiers aussi large que long ; un peu plus étroit en avant ; tronqué au sommet ; subarqué en arrière et sur les côtés ; parfois subsinueusement tronqué à sa base au devant de l'écusson ; assez convexe, finement et assez densement ponctué, avec l'intervalle des points presque lisse ; entièrement d'un roux pâle et brillant.

Écusson presque lisse, d'un roux livide.

Élytres oblongues, presque quatre fois plus longues que le prothorax ; sensiblement plus larges en avant que celui-ci ; faiblement et subovalairement arquées sur les côtés et subarrondies au sommet ; subconvexes, parfois subdéprimées sur le dos vers la suture ; densement et plus fortement ponctuées que le prothorax, avec la ponctuation de la base subsérialement disposée jusqu'au premier tiers et puis confuse sur le reste de leur surface ; entièrement d'un roux livide et brillant. *Calus huméral* assez saillant, presque lisse.

Dessous du corps légèrement pubescent, d'un roux livide, avec le métasternum parfois plus foncé. *Celui-ci* obsolètement et finement ridé en travers. *Ventre* convexe, éparsement et grossièrement ponctué, plus densement vers son extrémité.

Pieds légèrement pubescents, d'un roux testacé, avec les genoux postérieurs étroitement rembrunis ou presque noirs, et l'article terminal de tous les tarses obscur. *Tibias postérieurs* distinctement denticulés dans les deux premiers tiers de leur tranche supérieure, pectinés dans le dernier. *Éperon* saillant, d'un roux obscur.

PATRIE. Cette espèce a été prise en fauchant les herbes des taillis de chêne, aux environs de Cluny (basse Bourgogne).

OBS. Elle ressemble beaucoup à la *femoralis*. Elle est un peu plus grande et un peu plus pâle. Les élytres sont moins obtuses au sommet ; elles sont plus fortement ponctuées, avec les points de la base moins confus. La poitrine, ou du moins le postpectus, est d'une couleur plus claire, et le sommet des cuisses postérieures est moins largement rembruni. Elle n'a pas, comme la *sternalis*, la suture des élytres rembrunie ni la poitrine noire, etc.

30. Thyamis paleacea, MULSANT et REY.

Oblongo-ovata, subconvexa, nitida, testacea, oculis nigris, femoribus posticis rufis ; fronte thoraceque sublaevibus ; elytris distincte punctatis, punctis baseos subseriatis. ♂ ♀ alati.

Long., 1 mill. 1/4 ; — larg., 3/4 mill.

Corps ovalaire-oblong, subconvexe, brillant, testacé.

Tête inclinée, d'un roux testacé brillant. *Carène faciale* assez et subégalement saillante. *Front* presque lisse. *Labre* à peine rembruni vers son sommet.

Yeux très-grands, assez saillants, noirs.

Antennes évidemment un peu plus longues que la moitié du corps ; à peine plus épaisses vers leur extrémité ; finement pubescentes et légèrement pilosellées ; testacées, un peu ou à peine rembrunies vers leur extrémité ; à deuxième article oblong, un peu renflé : le troisième allongé, les suivants très-allongés : le dernier à peine plus long que le pénultième, fusiforme.

Prothorax assez court, une fois et demie ou une fois et deux tiers aussi large que long ; à peine plus étroit en avant ; tronqué au sommet ; subarqué sur les côtés et à la base, celle-ci parfois subtronquée dans son milieu ; assez convexe ; presque lisse ; d'un testacé brillant.

Écusson à peine chagriné, d'un roux testacé.

Élytres oblongues, presque quatre fois plus longues que le prothorax, beaucoup plus larges à leur base que celui-ci ; subparallèles jusqu'aux deux tiers de leur longueur et puis arcuément rétrécies jusque vers leur sommet où elles sont très-obtusément acuminées ; assez convexes sur leur disque, un peu moins sur le dos vers la suture ; finement mais distinctement ponctuées, avec la ponctuation de la base disposée presque en séries régulières jusque vers le tiers antérieur, celle du reste de leur surface plus affaiblie et confuse, et les intervalles des points presque lisses ou à peine chagrinés. *Calus huméral* assez saillant, presque lisse.

Dessous du corps presque glabre, testacé, avec le postpectus à peine plus foncé. *Métasternum* presque lisse. *Ventre* obsolètement ridé en travers à sa base, distinctement ponctué vers son extrémité.

Pieds finement pubescents, testacés, avec les cuisses postérieures d'un roux ferrugineux, et les ongles de tous les tarses rembrunis.

PATRIE. Les environs de Lyon.

OBS. Cette espèce est peut-être une variété de l'*albinea* Foudras. Cependant, elle est un peu plus convexe, un peu plus brillante et un peu moins pâle. Le front et le prothorax sont plus lisses. Les élytres sont un peu moins densement ponctuées, avec les points plus visiblement en série vers la base; elles sont aussi un peu moins obtuses au sommet. Le labre et le postpectus sont moins obscurs.

Elle est plus pâle que la *pellucida* Foudras, et elle ne peut être assimilée à celle-ci, dont le prothorax est plus ponctué et dont le métasternum est creusé en arrière d'une forte et profonde fossette arrondie, caractère particulier, qu'on n'observe pas dans les espèces voisines, mais qu'on retrouve dans quelques autres et notamment dans l'*atricapilla* Foudras.

31. Thyamis gracilicornis, Mulsant et Rey.

Ovata, convexa, nitidula, pallide testacea, oculis nigris, antennarum apice labroque infuscatis; fronte sublaevi; thorace obsolete, elytris distinctius confuse punctatis; ventre rugoso-punctato. ♂ ♀ *alis incompletis.*

Long., 3 mill. 1/4; — larg., 2 mill.

Corps ovalaire, convexe, brillant, d'un testacé pâle en dessus, d'un roux testacé en dessous.

Tête subverticale, d'un roux testacé brillant. *Carène faciale* assez saillante, sublinéaire. *Festons* obsolètes, subovales, subobliques. *Front* presque lisse ou à peine ridé. *Labre* biponctué, plus ou moins rembruni.

Yeux grands, saillants, noirs.

Antennes grêles, un peu plus longues que la moitié du corps; subfiliformes ou à peine épaissies vers leur extrémité; très-finement duveteuses et à peine pilosellées; testacées, avec les quatre ou cinq derniers articles rembrunis : le deuxième oblong, subépaissi : le troisième suballongé : les autres très-allongés, subégaux : le dernier fusiforme, acuminé au sommet.

Prothorax court, une fois et deux tiers aussi large que long; un peu plus étroit en avant; obtusément tronqué au sommet; subarqué sur les côtés et à la base, parfois subtronqué au devant de l'écusson; assez convexe; presque lisse sur le dos; obsolètement et subrugueusement ponctué sur les côtés; entièrement d'un testacé pâle et brillant.

Écusson presque lisse, testacé.

Élytres ovales-oblongues, environ trois fois et demie plus prolongées que le prothorax, sensiblement plus larges à leur base que celui-ci ; sub-ovalairement arquées sur les côtés et subarrondies à leur sommet ; assez fortement convexes dans leur ensemble et parfois à peine subdéprimées sur le milieu du dos vers la suture ; assez finement, mais distinctement ponctuées, avec la ponctuation serrée et plus ou moins confuse et l'intervalle des points lisse ; entièrement d'un testacé pâle et brillant. *Calus huméral* peu saillant, presque lisse.

Dessous du corps à peine pubescent, d'un roux testacé brillant. *Métasternum* presque lisse ou à peine ridé en travers. *Ventre* convexe, assez densement et rugueusement ponctué.

Pieds finement pubescents, pointillés, testacés, avec les cuisses postérieures d'un roux ferrugineux. *Tibias postérieurs* denticulés sur leur tranche supérieure, finement pectinés dans le dernier tiers de celle-ci. *Éperon* saillant, un peu rembruni.

Patrie. La Sicile, la Provence.

Obs. Cette espèce se place à côté de la *pallens* Foudras. Elle est de la même taille, mais plus brillante et un peu plus convexe. Les antennes sont plus grêles, plus rembrunies vers leur extrémité. Le métasternum est plus lisse ; le ventre est plus ponctué, avec la pointe antérieure du premier arceau moins avancée et moins aiguë, etc.

Elle semble différer de l'*alba* Allard par la couleur du labre plus obscure et par les pieds moins pâles.

32. Thyamis seriata, Kutschera.

Kutschera, Wien Ent. Monat. 1864, 154. — Allard, Ab. IV, 1867, 368, 233, 57 (Autriche).

33. Thyamis subquadrata, Allard.

Allard, Ab. IV, 1867, 414, 279, 103 (France).

34. Thyamis lilliputana, Allard.

Allard, Ab. IV, 1867, 348, 213, 38 (France).

35. Thyamis vitrea, KUTSCHERA.

KUTSCHERA, Wien Ent. Monat. 1864, 270, 70. — ALLARD, Ab. IV, 1867, 353, 217,
42 (Autriche).

36. Thyamis vidua, ALLARD.

ALLARD, Ab. IV, 1867, 340, 206, 31 (France).

1. Phyllotreta lativittata, KUTSCHERA.

KUTSCHERA, Wien Ent. Monat. 1860, 307, 51. — ALLARD, Soc. Ent. Fr. 1861, 330;
— Ab. IV, 258, 117, 14 (Grèce).

2. Phyllotreta fallax, ALLARD.

*Oblongo-ovata, parum convexa, nitida, nigra, antennarum basi ferruginea,
geniculis tarsisque rufo-piceis; fronte thoraceque parcius,. elytris fortius
punctatis; harum punctis anticis seriatis, posticis subtilioribus confusisque,
disco vitta longitudinali, pallida, extus sinuata, notato.* ♂ ♀ *alati.*

{Long., 2 mill.; — larg., 1 mill.

PATRIE. Les environs de Lyon, la France septentrionale, la Prusse,
l'Allemagne, l'Autriche.

OBS. Cette espèce est intermédiaire entre la *nemorum* et la *tetrastigma*.
Elle est un peu plus ovale et un peu plus convexe que la première ; les
élytres sont moins parallèles et plus courtes, et leur bande pâle est plus
étroite, plus sinueuse extérieurement. Comme dans la *tetrastigma*, cette
bande est souvent interrompue dans son milieu, au point de former sur
chaque élytre deux taches oblongues. Mais la *fallax* est moins courte,
moins convexe, un peu moins fortement ponctuée que la *tetrastigma*. Elle
est aussi d'une taille un peu moindre. Les tibias et les tarses sont plus
obscurs que dans les *excisa* et *flexuosa* de Foudras.

Elle répond à la *flexuosa* de Kütschera, mais non à celle de Panzer, que
le même auteur a décrite sous le nom d'*undulata* (*Wien. Ent Monat.* 1860.
301, 47 ; — Allard, *Ab.* IV, 1867, 261, 123, 20).

3. Phyllotreta flavoguttata, Kutschera.

Kutschera, Wien. Monat. 1860, 207, 43. — Allard, Ann. Soc. Ent. Fr. 1861, 331 ;
— Ab. IV, 1867, 204, 127, 24 (Grèce).

4. Phyllotreta corrugata, Reiche.

*Elongata, parum convexa, subnitida, fusco-aenea, antennarum basi, tibiis
tarsisque rufo-ferrugineis; fronte coriacea, parce fortiter, thorace densius
subtiliusque punctatis; elytris paulo fortius punctatis, apice obtuse truncatis,
pygidio conspicuo.*

Phyllotreta corrugata, Reiche, Ann. Soc. Ent. Fr. 1858, 46. — Allard, Ann. Soc.
Ent. Fr. 1860, 372, 88; — Ab. IV, 1867, 252, 105, 2.

Patrie. La France méridionale, Tarsous (Wachanru).

Obs. Cette espèce est voisine de la *Ph. antennata.* Le quatrième article
des antennes des ♂ n'est point dilaté; le front est fortement ponctué ; la
ponctuation du prothorax est plus fine ; la couleur des tibias et des tarses
et de la base des antennes est plus claire. La teinte générale est moins
brillante, etc.

5. Phyllotreta crassicornis, Allard.

Allard, Ab. IV, 1867, 255, 111, 8 (France méridionale).

1. Batophila Pyrenaea, Allard.

Allard, Ab. IV, 1867, 271, 138, 2 (Hautes-Pyrénées).

1. Balanomorpha ambigua, Kutschera.

Kutschera, Wien Ent. Monat. 1862, 52, 84. — Allard, Ab. IV, 1867, 289, 166, 4
(France, Allemagne).

2. Balanomorpha lutea, Allard.

Allard, Ann. Soc. Ent. Fr. 1860, 551, 155; — Ab. IV, 1867, 290, 168, 6. —
Kutschera, Wien Ent. Monat. 1862, 55, note.

1. Apteropeda ovulum, Illiger.

Illiger, Mag, VI, 65, 1807. — Allard, Ann. Soc. Ent. Fr. 1860, 576, 180; — Ab.
IV, 1867, 292, 170, 2. — Kutschera, Wien Ent. Monat. 1864, 449, 1 (Portugal).

1. Hypnophila obesa, Waltl.

Waltl, Isis, 1839, 225. — Allard, Ann. Soc. Ent. Fr. 1860, 552, 156; — Ab. IV,
1867, 293, 173, 1. — Kutschera, Wien Ent. Monat. 1864, 455, 1.

Obs. Cette espèce, d'après M. Allard, serait la *caricis* de Maerkel *(Stett.
Zeit.* 1841, 25), et non celle de Foudras, à laquelle il a substitué le nom
d'*impuncticollis (Ann. Soc. Ent. Fr.* 1860, 552, 157; — *Ab.* IV, 1867,
294, 174, 2).

1. Altica ericeti, Allard.

*Oblonga, convexa, subparallela, subnitida, viridi-caerulea; encarpis
ovatis, transversis; fronte thoraceque sublaevibus, hoc lateribus obsolete
punctulato, sulco utrinque profundiori; elytris confuse, basi fortius, postice
levius, punctatis.* ♂ ♀ *alati.*

Graptodera ericeti, Allard, Ann. Soc. Ent. Fr. 1859, 166, et 5, 1860, 82, 35; —
Ab. III, 1866, 212, 47, 2.

Long., 5 mill.; — larg., 3 mill.

Patrie. Les Landes, la Bretagne.

Obs. Cette espèce est de la taille de la *Lythri* Foudras. Elle est d'une
couleur plus claire, d'un bleu tirant sur le verdâtre plutôt que sur le violet.
Le prothorax est plus visiblement pointillé sur les côtés et la ponctuation
des élytres est plus forte, etc.

2. Altica carduorum, Guérin.

*Oblongo-ovata, convexa, parum nitida, caerulea; encarpis ovatis, trans-
versis; fronte sublaevi, thorace vix punctato; elytris subtilissime confuse
punctatis.*

Graptodera carduorum, Guérin, Mag. Zool. 1858, 415. — Allard, Ann. Soc. Ent.
Fr. 1860, 86, 39; — Ab. III, 1866, 215, 51, 6.

Long., 4 mill. ; — larg., 2 1/3 mill.

Patrie. Guienne, Languedoc, Basses-Alpes.

Obs. Cette espèce, voisine de l'*hippophaës*, par sa ponctuation très-fine, s'en distingue [par sa taille moindre. Les angles antérieurs du prothorax sont sans calus bien apparent, etc.

3. **Altica longicollis**, Allard.

Oblongo-ovata, subconvexa, nitida, virescens, antennis, tibiis tarsisque nigris; fronte thoraceque sublaevibus; elytris sat fortiter, basi subseriatim, postice confuse, punctatis, callo humerali prominulo, sublaevi. ♂ ♀ *alati.*

Graptod*e*ra *longicollis*, Allard, Ann. Soc. Ent. Fr. 1860, 83, 36 ; — Ab. III, 1866, 217, 53, 8.

Long., 3 mill. 1/2 ; — larg., 2 mill. 1/3.

Patrie. Sorèze.

Obs. Cette espèce ressemble à l'*oleracera*. Elle s'en distingue par son prothorax un peu plus étroit, un peu moins court, plus lisse, à sillon basilaire moins profond dans son milieu. Les élytres sont un peu plus convexes et leur ponctuation paraît un peu moins serrée, etc.

4. **Altica helianthemi**, Allard.

Oblongo-ovata, subconvexa, subnitida, viridi-caerulea, antennis pedibusque obscurioribus; fronte sublaevi; thorace brevi, lateribus obsolete punctulato, sulco basali profundo, recto; elytris distincte denseque punctatis, callo humerali prominulo, sublaevi. ♂ ♀ *alis incompletis.*

Graptod*e*ra *helianthemi*, Allard, Ann. Soc. Ent. Fr. 1859, 166 ; — 1860, 85, 38 ; — Ab. III, 1866, 217, 54, 9.

Long., 3 mill. 1/2 ; — larg., 2 1/3 mill.

Patrie. Landes, Bretagne, Pyrénées-Orientales, Bresse.

Obs. Cette espèce a le prothorax moins rétréci en avant que l'*oleracea*, plus arqué sur les côtés, avec ceux-ci subsinués au devant des angles postérieurs qui sont plus prononcés ; le sillon basilaire est plus droit. Les élytres sont plus convexes, plus densement et un peu moins fortement ponctuées. Elle est en général d'une couleur plus bleue et d'une forme moins ovalaire, etc.

5. Altica splendens, Mulsant et Rey.

Oblongo-ovata, convexa, pernitida, viridi-cuprea, antennis pedibusque obscurioribus ; vertice thoraceque sublaevibus ; hujus sulco basali utrinque profundiori ; elytris fortiter sat dense punctatis, apice obtusis ; pygidio conspicuo, bicarinato. ♂ ♀ alati.

Long., 3 mill.; — larg., 2 mill.

Corps ovalaire-oblong, convexe, très-brillant, d'un vert cuivreux assez clair.

Téte inclinée, d'un vert brillant. *Carène faciale* assez saillante, fine, subarquée. *Festons* subdéprimés, courtement ovales, subobliquement transverses, fovéolés sur leur milieu. *Front* cuivreux et subruguleux en avant. *Vertex* lisse, très-brillant. *Labre* obscur, quadriponctué.

Yeux grands, assez saillants, noirs, séparés du prothorax par un intervalle sensible.

Antennes à peine plus longues que la moitié du corps ; subfiliformes ou à peine plus épaisses vers leur extrémité ; finement pubescentes et en outre distinctement pilosellées vers le sommet de chaque article ; verdâtres avec l'extrémité plus obscure, les premiers articles plus brillants et distinctement ponctués : le deuxième oblong : les troisième à dixième allongés, subégaux : le dernier à peine plus long que les pénultièmes, elliptique, subacuminé au sommet.

Prothorax court, environ une fois et deux tiers aussi large que long ; un peu plus étroit en avant ; tronqué au sommet ; faiblement arqué sur les côtés et sur le milieu de la base ; assez convexe sur son disque ; à sillon basilaire fin, mais bien prononcé, recourbé en arrière de chaque côté où il est plus profond et forme une fossette ovalaire, transverse et située assez loin des bords latéraux ; presque lisse sur le dos, à peine pointillé sur les côtés ; entièrement d'un vert très-brillant et plus ou moins cuivreux.

Écusson lisse, d'un vert bronzé brillant.

Élytres oblongues, environ trois fois et demie plus longues que le prothorax, sensiblement plus larges à leur base que celui-ci ; faiblement et subovalairement arquées sur les côtés et'obtusément arrondies au sommet, avec l'angle apical émoussé et un peu relevé ; assez fortement convexes ; fortement et densement ponctuées, avec les points de l'extrémité plus faibles et les intervalles presque lisses ; entièrement d'un vert cuivreux très-brillant et assez clair. *Calus huméral* saillant, pointillé, séparé du reste de la base par une fossette sensible. *Pygidium* découvert, bicaréné, à carènes roussâtres.

Dessous du corps finement pubescent, d'un noir verdâtre assez brillant. *Poitrine* plus ou moins rugueuse, avec le *métasternum* plus lisse ou simplement ridé en travers sur son milieu. *Ventre* convexe, plus ou moins ponctué, surtout vers son extrémité.

Pieds finement pubescents, subruguleusement pointillés, d'un noir vers dâtre, avec les tarses plus obscurs.

PATRIE. Cette espèce a été capturée dans la chaîne des Pyrénées.

OBS. Elle est un peu moindre et d'une couleur plus claire que la *longicollis*. Le prothorax est plus court et plus lisse, et les élytres sont plus fortement ponctuées.

Elle est plus convexe, plus .oblongue et plus petite que la *brevicollis* Foudras (*Coryli* Allard). La ponctuation du prothorax est encore moins visible, et celle des élytres bien plus forte.

Comme l'*oleracea*, elle a le pygidium bicaréné, mais dans celle-ci il est recouvert et les carènes sont de la couleur du fond, au lieu que, dans la *splendens*, le pygidium est tout à fait découvert et les carènes sont d'un brun roussâtre. La forme est moins ovalaire, et la couleur est celle des variétés les plus claires et les plus cuivreuses.

6. Altica pusilla, DUFTSCHMID.

DUFTSCHMID, Faun. Austr. III, 253, 4, 1825. — *Graptodera potentillae*, ALLARD, Ann. Soc. Ent. Fr. 1859, Bull. CLXVI ; — Ab. III, 1866, 249, 56, 11 (environs de Paris).

OBS. Cette espèce est plus petite et beaucoup plus finement ponctuée que l'*oleracea*. Elle se prend sur la *Potentilla verna* , en juillet.

Elle répond peut-être aux variétés *d* et *e* de l'*oleracea* Foudras.

7. Altica Hampei, ALLARD.

ALLARD, Ab. IV, 1867, 499, 369, 12ᵃ (Crimée).

1. Hermaeophaga ruficollis, LUC.

LUCAS, Expl. Scient. Alg. 546, 1440, pl. XLV, 3, 1849. — ALLARD, Ann. Soc. Ent. Fr. 1860, 74, 28; — Ab. III, 1866, 208, 45, 3 (Sicile).

OBS. Cette espèce est remarquable par sa couleur d'un jaune roussâtre, tandis que les autres du même genre sont d'un bleu plus ou moins foncé.

1. Ochrosis Corsica, ALLARD.

Breviter ovata, subconvexa, nitida, rufa, metasterno, abdomineque infuscatis; fronte thoraceque tenuissime punctulatis, hoc utrinque oblique impresso ; elytris basi seriatim fortiter, postice confuse levius punctatis.

Crepidodera Corsica, ALLARD (Perris), Ab. III, 1866, 184, 9, 6.

Long., 1 mill. 2/3 ; — larg., 1 mill.

PATRIE. La Corse.

OBS. Cette espèce a tout à fait la tournure de la *ventralis* Foudras. Elle est d'un roux plus vif et plus brillant. Les élytres ne sont pas striées, mais elles offrent seulement des points rangés en séries distinctes, plus fins et plus écartés, s'effaçant vers les deux tiers, etc.

2. Ochrosis pisana, ALLARD.

Crepidodera pisana, ALLARD, Ann. Soc. Ent. Fr. 1861, 308; — Ab. III, 1866, 7, 4 (Pise).

1. Crepidodera sodalis, KUTSCHERA.

KUTSCHERA, Wien Ent. Monat. 1860, 73. — ALLARD, Ann. Soc. Ent. Fr. 1861, 308; — Ab. III, 1866, 187, 14, 11 (Lombardie).

2. Crepidodera strangulata, ALLARD.

ALLARD, Ann. Soc. Ent. Fr. 1860, 61, 15; — Ab. III, 1866, 188, 15, 12. — SERBICA, KUTSCHERA, Wien Ent. Monat. 1860, 74 (Turquie).

3. Crepidodera melanopus. KUTSCHERA.

KUTSCHERA, Wien Ent. Monat. 1860, 130, 21. — ALLARD, Ann. Soc. Ent. Fr. 1861, 831, note; — Ab. III, 1866, 189, 17, 14 (Pyrénées).

4. Crepidodera Peirolerii. KUTSCHERA.

KUTSCHERA (Dejean), Wien Ent. Monat. 1860, 131, 22. — ALLARD, Ann. Soc. Ent. Fr. 1861, 309 ; — Ab. III, 1866, 190, 18, 15 (Suisse, Carniole, Auvergne).

OBS. Nous croyons, avec M. Allard, que cette espèce doit être séparée de la *femorata* à laquelle Foudras l'avait réunie. En effet, elle est un peu plus oblongue, plus parallèle; les élytres sont d'un bleu plus vif ; les tibias et les tarses sont généralement d'une couleur plus sombre.

5. Crepidodera corpulenta. KUTSCHERA.

KUTSCHERA, Wien Ent. Monat. 1860, 132, 23. — ALLARD, Ann. Soc. Ent. Fr. 1861, 831, note; — Ab III, 1866, 190, 19, 16 (Transylvanie).

6. Crepidodera Rhaetica. KUTSCHERA.

Oblongo-ovata, subconvexa, nitida, nigra, capite, thorace, antennis pedibusque rubris ; vertice sublaevi, thorace subtiliter punctato , elytris fortiter punctato-striatis. Callo humerali sat prominulo , sublaevi, intus foveolato.

KUTSCHERA, Wien Ent. Monat. 1860, 133, 25. — ALLARD, Ann. Soc. Ent. Fr. 1861, 309 ; — Ab. III, 1866, 191, 21, 18.

Long., 3 mill.; — larg., 1 1/3 mill.

PATRIE. La Suisse.

OBS. Cette espèce est plus large, plus convexe que la *rufipes*, et ses élytres sont plus noires. Leur ponctuation est plus forte et plus serrée que chez la *melanostoma*, avec les intervalles plus lisses.

7. Crepidodera cyanipennis. KUTSCHERA.

KUTSCHERA, Wien Ent. Monat. 1860, 135, 27. — ALLARD, Ann. Soc. Ent. Fr. 1861, 309 ; — Ab. III, 1866, 193, 23, 20 (Suisse, Carinthie).

8. Crepidodera simplicipes, Kutschera.

Kutschera, Wien Ent. Monat. 1860, 137, 29. — Allard, Ann. Soc. Ent. Fr. 1861, 310 ; — Ab. III, 1866, 194, 25, 22 (Styrie).

Obs. Par sa couleur métallique, cette espèce semblerait rentrer dans le genre *Chalcoides* de Foudras, mais, d'après M. Allard, elle aurait les tubercules frontaux autrement conformés.

1. Orestia Alpina, Germar (1).

Germar, Spec. 662, 891, 1824 ; — Faun. Ins. Eur. Fasc. XXIII, 17 (Alpes).

2. Orestia punctipennis, Lucas.

Lucas, Expl. Sc. Alg. 1849, 545, 1439, pl. XLV, 1. — Allard, Ann. Soc. Ent. Fr. 1860, 69, 23 ; — Ab. III, 1866, 202, 38, 2 (Corse).

3. Orestia Kraatzi, Allard.

Allard, Ann. Soc. Ent. Fr. 1861, 312 ; — Ab. III, 1866, 203, 39, 3 (Dalmatie).

4. Orestia Aubei, Allard.

Allard, Ann. Soc. Ent. Fr. 1860, 70, 24 ; — Ab. III, 1866, 204, 40, 4 (Illyrie).

5. Orestia Pandellei, Allard.

Breviter ovata, convexa, nitida, brunnea, laevissima, elytris vero subtiliter seriato-punctatis, punctis sat distantibus, postice evanescentibus, antennis pedibusque brunneo-testaceis, thorace utrinque basi breviter sulcato.

Orestia Pandellei, Allard, Cat. Grenier, at. Faun. Fr. 1863, 121, 148 ; — Ab. III, 1866, 205, 42, 6.

Patrie. Hautes-Pyrénées, sous les mousses.

(1) Ce genre, autrefois colloqué parmi les *Sulcicolles*, à la suite des *Érotyles*, a été transporté avec raison parmi les *Altisides*.

Obs. Par sa forme ramassée, cette espèce conduit naturellement aux *Apteropeda*.

1. Podagrica semirufa, Kuster.

Oblonga, subparallela, subconvexa, nitidula, capite, thorace, antennarum basi pedibusque rufis, pectore abdomineque nigris ; elytris caeruleis, fortiter punctato-striatis, punctis apice evanescentibus ; thorace densius subtiliusque punctato, basi utrinque breviter sulcato.

Podagrica semirufa, Kuster, Kœf. Eur. IX, 86. — Kutschera, Wien Ent. Monat. 1860, 197, 37. — *Podagrica Italica*, Allard, Ann. Soc. Ent. Fr. 1860, 542, 144.— *Podagrica semirufa*, Allard, Ab. IV, 1867, 269, 133, 5.

Long., 3 mill.; — larg., 1 2/3 mill.

Patrie. France méridionale, Corse.

Obs. Cette espèce est peu différente de la *malvae*. Elle est un peu plus parallèle. Le vertex est un peu moins rembruni ; le prothorax, à peine plus densement ponctué, a les angles antérieurs plus infléchis et plus obtus. Les élytres sont plus fortement ponctuées-striées, et les rangées de points descendent un peu plus bas, jusques environ le dernier tiers ; elles sont, en général, d'un bleu assez clair, etc.

2. Podagrica intermedia, Kutschera.

Kutschera, Wien Ent. Monat. 1860, 197, 36. — Allard, Ann. Soc. Ent. Fr. 1861, 335 ; — Ab. IV, 1867, 269, 134, 6 (Italie, Grèce).

1. Dicherosis brevis, Allard.

Argopus brevis, Allard, Ann. Soc. Ent. Fr. 1859, 260, et 1860, 414, 137 ; — Ab. III, 1866, 246, 99, 4. — Kutschera, Wien Ent. Monat. 1864, 469, 2 (France méridionale).

1. Sphaeroderma rubida, Graells.

Graells, Mém. Géol. Esp. 1858, 135, pl. V, 9. — Allard, Ann. Soc. Ent. Fr. 1860, 417, 140 ; — Ab. III, 1866, 248, 102, 3. — Kutschera, W.en Ent. Monat. 1864, 464, 2 (Espagne, Sicile).

1. Aphthona pallida, Bach.

Bach, Faun. Pruss. III, 141, 20, 1859. — Allard, Ann. Soc. Ent. Fr. 1860, 391,
110; — Ab. III, 1866, 225, 60, 3. — Kutschera, Wien Ent. Monat. 1861, 241,
69 (France, Allemagne, Autriche).

2. Aphthona placida, Kutschera.

Kutschera, Wien Ent. Monat. 1864, 472. — Allard, Ab. IV, 1867, 488, 355, 5ᵃ
(Autriche).

3. Aphthona decorata, Kutschera.

Kutschera, Wien Ent. Monat. 1861, 240, 68. — Allard, Soc. Ent. Fr. 1861, 332; —
Ab. III, 1866, 228, 68, 11 (Crète).

4. Aphthona semicyanea, Allard.

Allard, Ann. Soc. Ent. Fr. 1859, 100, et 1860, 396, 117; — Ab. III, 1866, 229,
69, 12. — Kutschera, Wien Ent. Monat. 1861, 290 (France méridionale).

5. Aphthona Albertinae, Allard.

Allard, Ab. III, 1866, 230, 71, 14. — *Aphthona Allardi*, Brisout, Ann. Soc. Ent.
Fr. 1866, 424, 65 (Espagne).

6. Aphthona pygmaea, Kutschera.

Kutschera, Wien Ent. Monat. 1861, 246, 74. — Allard, Ann. Soc. Ent. Fr. 1861,
332; — Ab. III, 1866, 231, 73, 16.

7. Aphthona punctiventris, Mulsant et Rey.

*Ovata, convexa, nitida, nigro-cyanea, antennarum basi pedibusque rufis,
femoribus quatuor anticis basi subinfuscatis, posticis nigro-piceis; vertice
thoraceque sublaevibus; elytris antice subtiliter seriatim, postice confuse
punctatis; callo humerali, subprominulo, laevi; abdomine dense punctulato.
♂ ♀ alati.*

♂ Le *dernier arceau ventral* offrant, au devant de l'hémicycle, une grande dépression triangulaire occupant les deux derniers tiers, creusée elle-même, sur sa ligne médiane, d'un sillon canaliculé fin, et surmontée, de chaque côté, vers les angles postérieurs, d'un petit grain élevé et presque lisse.

♀ Le *dernier arceau ventral* normal.

Long., 1 mill. 1/3 ; — larg., 1 mill.

Corps ovalaire, convexe, brillant, d'un noir à peine bleuâtre.

Tête subverticale, d'un noir brillant. *Carène faciale* peu saillante, sub-déprimée. *Festons* bien distincts, subtriangulaires, lisses, subobliquement disposés. *Front* chagriné ou obsolètement ridé en travers dans sa partie antérieure, avec le *vertex* presque lisse. *Parties de la bouche* obscures.

Yeux grands, noirs, assez saillants.

Antennes à peine plus longues que la moitié du corps ; un peu plus épaisses vers leur extrémité ; très-finement pubescentes et en outre à peine pilosellées vers le sommet de chaque article ; d'un roux testacé, avec les quatre ou cinq derniers articles plus foncés : les deuxième et troisième oblongs, le deuxième un peu renflé, le troisième plus grêle : les quatrième et cinquième très-allongés, les suivants simplement allongés : le dernier un peu plus long que les pénultièmes, fusiforme, acuminé au sommet.

Prothorax assez court, une fois et demie aussi large que long ; non ou à peine plus étroit en avant ; tronqué au sommet ; sensiblement arqué sur les côtés, plus faiblement à la base, avec le milieu de celle-ci parfois subtronqué au devant de l'écusson ; assez convexe, presque lisse ; entiè-rement d'un noir brillant et à peine bleuâtre.

Écusson lisse, noir, brillant.

Élytres suboblongues, trois fois plus longues que le prothorax, beau-coup plus larges à leur base que celui-ci ; subovalairement arquées sur les côtés et puis obtusément arrondies au sommet ; assez convexes sur le dos ; lisses, avec des séries régulières de points fins, peu profonds, s'effa-çant en arrière où ils sont tout à fait confus ; entièrement d'un noir bril-lant et à peine bleuâtre. *Calus huméral* assez saillant, lisse.

Dessous du corps légèrement pubescent, d'un noir assez brillant. *Métas-ternum* finement ridé en travers. *Ventre* assez convexe, à premier arceau

couvert de rugosités transversales, les autres finement, densement et rugueusement pointillés.

Pieds finement et légèrement pubescents, roux, avec les quatre cuisses
antérieures un peu et plus ou moins rembrunies à leur base, à l'exception
des trochanters, et les postérieures d'un noir de poix brillant, les trochanters et les genoux roussâtres.

Patrie. Cette espèce a été trouvée dans les environs d'Hyères en Provence.

Obs. Elle diffère des *ovata* et *euphorbiae* de Foudras par la base
des antennes et les pieds d'un roux moins pâle, par les quatre cuisses
antérieures souvent rembrunies vers leur base, et par le ventre plus densement ponctué. Les distinctions des ♂ sont également différentes. Elle est
à peine plus grande que l'*euphorbiae ;* les élytres sont un peu moins
bleues et moins distinctement ponctuées. Elle est moins ovale, moins large
que l'*ovata*, avec le calus huméral un peu plus saillant. Celle-ci, soit dit en
passant, nous semble répondre à la *pygmaea* de Kütschera (Wien *Ent.
Monat.* 1861, 246, 74. — Allard, *Ab.* III, 1866, 231, 73, 16). Tous les
exemplaires de la collection Foudras sont du Bugey, et non des environs
de Lyon, ainsi que l'indique M. Allard, à propos de son *ovata* (*Ab.* III,
1866, 231, 72, 15).

8. Aphthona Sardea, Allard.

Allard, Ab. IV, 1867, 490, 358, 20 [h] (Sardaigne).

9. Aphthona punctigera, Mulsant et Rey.

*Oblongo-ovata, parum convexa, subnitida, nigra, elytris vix metalles-
centibus, antennarum basi pedibusque rufis, femoribus posticis nigro-piceis ;
fronte vix strigata, thorace obsolete punctulato, utrinque foveolato ; elytris
fortiter, basi subseriatim, postice confuse, punctatis. Callo humerali parum
prominulo, punctato. ♀ aptera.*

Long., 1 mill. 1/2 ; — larg., 2/3 mill.

Patrie. La Provence, aux environs d'Hyères.

Obs. Cette espèce tient le milieu entre la *tantilla* et l'*atratula*. Elle est plus grande que la première, avec le prothorax moins lisse, et les élytres moins convexes, à points antérieurs plus visiblement disposés en séries. Peut-être n'est-elle qu'une variété aptère de l'*atratula* de M. Allard, et c'est pourquoi nous ne la décrivons que sommairement. Toutefois, elle est un peu plus grande ; le prothorax est plus obsolètement ponctué, plus arqué sur les côtés ; les points de la base des élytres sont moins confus ; le calus huméral est un peu moins saillant, etc.

Le prothorax présente de chaque côté une fossette ponctiforme distincte.

10. Aphthona Hispana. ALLARD.

ALLARD, Ab. III, 1866, 232, 75, 18 (Espagne).

11. Aphthona aenea. ALLARD.

ALLARD, Ab. III, 1866. 233, 76, 19 (Landes).

12. Aphthona orientalis. MULSANT et REY.

Oblongo-ovata, subconvexa, nitida, nigra, antennis pedibusque rufo-testaceis, femoribus posticis vix infuscatis ; fronte sublaevi, thorace obsolete punctulato ; elytris distinctius, basi subseriatim, postice confuse punctatis. Callo humerali prominulo, laevi. ♂ ♀ *alati.*

Long., 1 mill. 1/4 ; — larg., 2/3 mill.

Patrie. Tarsous en Caramanie (Wachanru).

Obs. Cette espèce, étant exotique, nous n'en donnons qu'une phrase sommaire. Elle est moindre que l'*euphorbiae*, un peu plus grande que la *delicatula*, proportionnellement moins ovalaire et plus parallèle que l'une et l'autre. Les élytres sont moins distinctement ponctuées que dans la *delicatula*, et surtout que dans la *tantilla* Foudras, dont elle a la forme, mais avec une couleur moins bleue.

13. Aphthona atratula, ALLARD.

Oblongo-ovata, parum convexa, nitidula, nigra, elytris vix caerulescen-
tibus, antennis pedibusque rufo-testaceis, femoribus posticis nigro-piceis ;
fronte transversim strigata, thorace tenuiter obsolete rugoso-punctulato ;
elytris fortiter confuse punctatis. Callo humerali subprominulo, punctato.
♂ ♀ *alati.*

ALLARD, Ann. Soc. Ent. Fr. 1859, Bull. C ; — 1860, 405, 128 ; — Ab. III, 1866,
     80, 23. — KUTSCHERA, Wien Ent. Monat. 1861, 287, 128.

Long., 1 mill. 1/2 ; — larg., 3/4 mill.

PATRIE. Les environs d'Hyères, Provence.

OBS. Cette espèce est à peine plus grande que la *tantilla* ; les antennes
sont moins rembrunies vers leur extrémité ; le prothorax , un peu moins
court, est un peu moins lisse, plus sensiblement arqué sur les côtés , avec
les angles postérieurs plus obtus et plus arrondis. Les élytres sont plus
profondément ponctuées, etc.

14. Aphthona nigella, KUTSCHERA.

KUTSCHERA, Wien Ent. Monat. 1861, 247, 75. — ALLARD, Ann. Soc. Ent. Fr. 1861,
     332, 119 ; — Ab. III, 1866, 238, 85, 28 (Dalmatie).

15. Aphthona Erichsoni, ZETTERSTEDT.

ZETTERSTEDT, Ins. Lapp. 222, 1837. — ALLARD, Ann. Soc. Ent. Fr. 1860, 408, 131 ; —
     Ab. III, 1866, 239, 87, 30 (Prusse, île Gottland).

16. Aphthona puncticollis, ALLARD.

ALLARD, Ab. III, 1866, 240, 88, 31 (Italie).

17. Aphthona carbonaria, ROSENHAUER.

ROSENHAUER, Thiere And. 1856, 337. — KUTSCHERA, Wien. Ent. Monat. 1861, 290. —
     ALLARD, Ab. III, 1866, 240, 89, 32 (Espagne).

18. Aphthona subimpressa, MULSANT et REY.

*Oblongo-ovata, subconvexa, nitida, nigra, antennarum basi fusco-ferru-
ginea, pedibus rufis; femoribus quatuor anticis, apice excepto, infuscatis,
posticis nigris; fronte, thoraceque sublaevibus; elytris confuse, basi fortiter,
postice obsoletius, punctatis. Callo humerali subprominulo, laevi. ♂ ♀ alis
-incompletis.*

Long., 1 mill. 1/2 ; — larg., 3/4 mill.

Corps ovalaire-oblong, subconvexe, brillant, noir.

Tête inclinée, d'un noir brillant. *Carène faciale* assez saillante, sublinéaire. *Festons* distincts, subtriangulaires, lisses, subtransversalement disposés. *Front* subconvexe, presque lisse. *Épistome* subconvexe, noir, lisse.
Parties de la bouche obscures.

Yeux gros, assez saillants, noirs.

Antennes environ de la longueur de la moitié du corps ; à peine plus
épaisses vers leur extrémité ; très-finement pubescentes et en outre légèrement pilosellées vers le sommet de chaque article ; obscures, avec les
quatre ou cinq premiers articles d'un ferrugineux sombre : à deuxième
article oblong, subépaissi : le troisième plus grêle, suballongé : les quatrième et cinquième allongés : les suivants un peu moins longs, subégaux :
le dernier un peu plus long que les pénultièmes, fusiforme, acuminé au
sommet.

Prothorax assez court, environ une fois et demie aussi large que long ;
à peine plus étroit en avant ; tronqué au sommet, à peine arqué sur les
côtés et sur sa base ; assez convexe ; lisse ou presque lisse ; creusé au
devant de l'écusson d'une fossette légère ou impression subarrondie ; entièrement d'un noir très-brillant,

Écusson lisse, d'un noir très-brillant.

Élytres oblongues, presque trois fois et demie plus longues que le prothorax, un peu plus larges en avant que celui-ci ; subovalairement arquées
sur les côtés et puis subarrondies au sommet ; légèrement convexes sur le
dos ; fortement et confusément ponctuées, avec les points allant en s'affaiblissant dans la partie postérieure, ceux situés près de la suture formant

parfois deux rangées assez régulières mais s'effaçant avant le milieu, et tous les intervalles lisses ou presque lisses ; entièrement d'un noir brillant. *Calus huméral* un peu saillant, lisse.

Dessous du corps à peine pubescent, d'un noir brillant. *Métasternum* lisse ou à peine ridé en travers. *Ventre* assez convexe, éparsement et légèrement ponctué.

Pieds légèrement pubescents, roux, avec les quatre cuisses antérieures rembrunies jusqu'aux deux tiers de leur longueur, et les postérieures entièrement noires.

Patrie. Cette espèce a été capturée dans les environs d'Hyères, dans les bois de pins.

Obs. Elle ressemble à l'*atratula*, mais elle est un peu plus grande et un peu plus noire. Le prothorax est plus lisse, subimpressionné vers sa base. Les élytres sont plus confusément ponctuées. Surtout, la base des antennes et les tibias sont d'une couleur moins claire, et les cuisses antérieures sont plus ou moins rembrunies, etc.

19. Aphthona subaptera, Mulsant et Rey.

Oblongo-ovata, parum convexa, nitidula, fusco-virescens, antennis pedibusque rufis, illis apice infuscatis, femoribus posticis nigro-piceis ; vertice sublaevi, thorace subtilissime dense punctulato ; elytris sat fortiter confuse punctatis. Callo humerali parum prominulo, sublaevi. ♂ ♀ subapteri.

Long., 1 mill. 1/3 ; — larg., 2/3 mill.

Corps ovalaire-oblong, peu convexe, brillant, d'un verdâtre obscur.

Tête inclinée, brillante, d'un noir verdâtre. *Carène faciale* en forme de faîte. *Festons* obsolètes, lisses, subtriangulaires. *Front* peu convexe, presque lisse ou à peine ridé en travers. *Épistome* et *parties de la bouche* noirs.

Yeux grands, assez saillants, noirs, séparés du prothorax par un intervalle sensible.

Antennes à peine plus longues que la moitié du corps ; à peine plus épaisses vers leur extrémité ; finement duveteuses et en outre à peine pilosellées ; rousses, un peu rembrunies vers leur extrémité ; à deuxième et troisième article oblongs : le deuxième un peu renflé, le troisième plus grêle : le quatrième allongé, le cinquième très-allongé, les suivants allongés, subégaux : le dernier subégal au précédent ou à peine plus long, elliptique, subacuminé au sommet.

Prothorax court, environ une fois et deux tiers aussi large que long ; un peu plus étroit en avant ; tronqué au sommet ; subarqué sur les côtés ; à peine arrondi à la base, parfois même subsinueusement tronqué dans le milieu de celle-ci ; légèrement convexe sur le dos ; très-finement et densement ponctué, avec les intervalles des points presque lisses ; entièrement d'un vert obscur et brillant.

Écusson presque lisse ou à peine chagriné, d'un vert sombre.

Élytres oblongues, presque trois fois et demie aussi longues que le prothorax ; sensiblement plus larges à leur base que celles-ci ; légèrement et subovalairement arquées sur leurs côtés et puis obtusément arrondies à leur sommet ; faiblement convexes sur le dos ; assez fortement , confusément et presque uniformément ponctuées, avec les intervalles des points presque lisses ; entièrement d'un vert obscur et brillant.

Dessous du corps éparsement pubescent, d'un noir brillant. *Métasternum* à peine ridé en travers. *Ventre* convexe, finement et éparsement ponctué, surtout dans sa pointe postérieure.

Pieds légèrement pubescents, d'un roux brillant, avec les cuisses postérieures d'un noir de poix, moins les trochanters.

Patrie. Cette espèce a été prise dans le Languedoc, aux environs de Nîmes.

Obs. Elle ressemble beaucoup à la *virescens* de Foudras, dont elle est peut-être une variété dépourvue d'ailes. Néanmoins, les antennes nous ont paru un peu plus grêles, moins pubescentes, avec leur cinquième article plus allongé. Le prothorax est plus finement et moins rugueusement ponctué. Les parties de la bouche et les cuisses postérieures sont plus obscures. Enfin, les ailes manquent ou sont rudimentaires.

Nous profitons de l'occasion pour signaler deux variétés intéressantes de l'*Aphthona herbigrada*. La première (*Aphthona laevicollis, nobis*) a le prothorax presque entièrement lisse et un peu plus étroit, ce qui le fait paraître un peu moins court. Elle est d'une couleur plus bleue. Elle provient des environs de Lyon.

La deuxième a le prothorax d'un bronzé violâtre et les élytres cuivreuses. Elle a été capturée dans les montagnes du Beaujolais. Nous la nommerons *dimidiata*.

NOTICE

SUR

ANTOINE ÉCOFFET

PAR

M. E. MULSANT

Lue à la Société linnéenne de Lyon le 11 novembre 1866.

———◇——

Écoffet (Antoine-Louis-Eugène-François) était né en 1795 à Belfort (Haut-Rhin), où son père occupait un rang honorable dans le barreau de cette ville.

A peine âgé de seize ans, le jeune Antoine, séduit par les prestiges de la gloire, voulut s'engager dans les chasseurs à cheval. Son avancement y fut rapide; mais, obligé au bout de deux ans de revenir en congé de convalescence dans sa famille, il s'y trouvait encore lorsque, à la suite de la défection de quelques-uns de nos alliés et la perte de la bataille de Leipzig, nos troupes furent obligées de se replier sur notre territoire, bientôt envahi par les armées coalisées.

Le jeune Écoffet, quoique incomplétement rétabli, se mit à la disposition du général Wolff et fut placé, en qualité de capitaine d'artillerie, à la tête d'un corps franc, pour la défense de Schelstadt, bloquée par des forces étrangères.

Rentré dans la vie civile à la suite des événements de 1815, il commença, à Strasbourg, ses études de droit pour suivre la carrière de son père; mais il se décida bientôt à entrer dans l'administration des contributions indirectes, où il devait s'élever par une ascension assez rapide aux postes les plus honorables.

Au bout de quelques années, il était appelé dans les bureaux de l'administration centrale, au ministère des finances, et il en sortait en 1828,
nommé contrôleur de comptabilité à Épinal (Vosges). En 1830, il fut nommé
directeur à Pontarlier; puis il devint directeur d'arrondissement à Mont-
beillard et ensuite à Douai, et enfin il occupa successivement la place de
directeur des contributions indirectes, dans les départements de la Lozère,
de la Manche, du Haut-Rhin et du Gard.

Écoffet avait été toute sa vie épris des charmes de l'histoire naturelle et
il s'était occupé de plusieurs de ses branches. Jeune, il avait collecté les
oiseaux, étudié les habitudes et les mœurs de ces êtres emplumés; mais
bientôt, ne trouvant plus dans son département des objets nouveaux pour
son cabinet, il fit don à la ville d'Épinal de ses richesses ornithologiques
et chercha dans les coquilles fluviatiles et terrestres et dans les insectes
un aliment nouveau au penchant qui l'entraînait vers l'étude la nature. Il a
laissé une collection de lépidoptères dont les ailes, décalquées sur des
feuilles de papier, sont assurées par là d'une plus longue durée. Mais ce
sont les coléoptères surtout qui, depuis 1832, ont été l'objet de ses soins
et sont devenus l'objet de ses recherches plus spéciales. Il trouvait le secret
de dérober à ses travaux tous les moments qu'il pouvait leur enlever sans
négliger ses fonctions. Ces moments n'ont pas été perdus pour la science.
Chasseur infatigable, il a enrichi la plupart des grandes collections de notre
pays de ses intéressantes découvertes. Modeste et trop défiant de ses forces,
et absorbé d'ailleurs par son service administratif, il n'a pas confié au
papier ses nombreuses observations; mais plusieurs de ses correspondants
ont enregistré dans les annales de la science les découvertes qu'il a faites.

Si l'entomologie déplore sa perte il laisse des regrets bien plus vifs,
et mieux sentis par ceux qui ont eu le plaisir de le connaître. Il comptait
de nombreux amis et il méritait de les avoir par une bonté inépuisable,
dont sa figure offrait l'expression, et par cette loyauté inflexible qui révélait la droiture de son cœur. L'élévation de son caractère et de ses idées
l'avait entouré d'estime dans tous les lieux où il avait séjourné : ses qualités, jointes à ses talents et à son activité, avaient attiré sur lui l'attention
des divers ministres qui s'étaient succédé et avaient été les causes des
emplois élevés qu'il avait occupés.

Décoré depuis 1852, membre de notre Compagnie et de diverses autres sociétés savantes, heureux dans ses enfants, rien ne semblait manquer à son bonheur, quand l'excès du travail lui fit sentir que sa santé ne pouvait résister à toutes les fatigues. Il avait demandé et il venait d'obtenir sa retraite, quand la mort l'a frappé à Nîmes, le 1er août 1866, et l'a enlevé à ceux auxquels il était cher, au moment où il espérait jouir d'un doux repos.

NOTE

MÉTAMORPHOSES DES COLÉOPTÈRES

Peu d'Entomologistes français paraissent avoir connaissance des beaux travaux publiés par M. Schïödte sur les métamorphoses des Coléoptères et sur la classification des larves de ces insectes, travaux insérés dans le *Journal d'Histoire naturelle (Naturhistorisk Tidsskrift)* fondé par Kroyer et dont M. Schïodte est le continuateur.

Nous pensons donc être utiles à ceux qui s'occupent de la vie évolutive de ces petits animaux, en donnant ici le catalogue des espèces nombreuses dont ce naturaliste célèbre a étudié les premiers états.

Gyrini, t. I, 2ᵉ part., p. 207. (1862).
    Gyrinus marinus, Gyllenh. t. I, p. 208, pl. III, fig. 1-9.
    Orectochilus villosus, O. F. Mueller, t. III, p. 191 (1864).

Hydrophili, t. I, 2ᵉ part., p. 209 et suiv. (1862).
    Helophorus grandis, Duftsch., t. I, p. 212, pl. VII, fig. 4-11.
    — *granularis*, Muls., p. 213, pl. VII, fig. 12-13.
    Berosus spinosus, Stev., p. 213, pl. V, fig. 9-14.
    Hydrophilus caraboides, Linn., p. 215, pl. IV, fig. 1-4.
    Hydrous aterrimus, Eschsch., p. 216, pl. III, fig. 20-21.
    Hydrobius fuscipes, Linn., p. 217, pl. IV, fig. 2-5.
    Philhydrus testaceus, Fabr., p. 217, pl. IV, fig. 6-8.
    Cercyon analis, Payk., p. 220, pl. VI, fig. 6-25.
    — *littoralis*, Gyll., p. 220.

Sphoeridium scarabaeoides, Fabr., p. 221, pl. VI, fig. 1-10.

— *bipustulatum*, Fabr., p. 221, pl. VI, fig. 11-15.

Silphae, t. I, 2ᵉ part., p. 224 et suiv.

Necrophorus vespillo, Herst, p. 225, pl. VIII, fig. 1-10.

— *ruspator*, Erichs. p. 226.

— *mortuorum*, Fabr., p. 226, pl. VIII, fig. 11-18.

Silpha rugosa, Fabr., p. 227, pl. IX, fig. 1-14.

— *obscura*, Illig., p. 227, pl. IX, fig. 15-19.

Cholena fusca, Panz., p. 228, pl. X, fig. 1-6.

Anisotoma glabra, Klug, p. 229, pl. X, fig. 7-16.

Agathidium mandibulare, p. 229, pl. X, fig. 17-20.

Histri, t. III, 1ʳᵉ part., p. 150 (1864).

Hister unicolor, Müller, p. 152, pl. 1, fig. 126.

Platysoma depressum, Fabr., p. 153, pl. 11, fig. 2-5.

Dytisci, t. III, 1ʳᵉ part., p. 154 et suiv. (1864).

Haliplus ruficollis, de Geer, p. 161, pl. VIII, fig. 1-12.

— *variegatus*, Sturm, p. 164, pl. VIII, fig. 13-15.

— *fulvus*, Fabr., p. 164, pl. VIII, fig. 16-18.

Hydroporus parallelogrammus, Ahr., p. 167, pl. IV, fig. 13-15 et
    pl. V, fig. 10-15.

— *palustris*, Linn., p. 168.

— *depressus*, Fabr., p. 168.

— *halensis*, Fabr., p. 168.

— *ovatus*, Linn., p. 169, pl. V, fig. 1-9.

Agabus maculatus, Linn., p. 172, pl. VI, fig. 1-8.

Ilybius fenestratus, Fabr., p. 174, pl. VI, fig. 9-15.

Colymbetes fuscus, Linn., p. 177, pl. II, fig. 6-16 et pl. III, fig. 1.

— *dolabratus*, Payk., p. 179.

Acilius sulcatus, Nicol., p. 179, pl. IV, fig. 1-12.

Dytiscus marginalis, Ahr., p. 182, pl. II, fig. 6-17.

Cybister Roeselii, Fabr., p. 185, pl. VII, fig. 10-16.

STAPHYLINI, p. 193.

   Staphylinus maxillosus, LINN., p. 195 et 206, pl. X, fig. 8.

   Ocypus olens, O. F. MUELLER, p. 197, pl. IX, fig. 1-5.

   Philonthus nitidus, FABR., p. 199, pl. IX, fig. 6-17.

   — *æneus,* GRAV., p. 206, pl. XII, fig. 1.

   Xantholinus lentus, GRAV., p. 201 et 206, pl. IX, fig. 18 ; pl. X,
        fig. 1-7 et pl. XII, fig. 2.

   Quedius dilatatus, FABR., p. 203, pl. X, fig. 9-16.

   — *fulgidus,* FABR., p. 205, pl. X, fig. 17-22.

   Oxyporus maxillosus, FABR., p. 208, pl. XI, fig. 1-14.

   Platystethus morsitans, PAYK., p. 210, XI, fig. 15-22 et pl. XII, fig. 3.

   Bledius hinnulus, ERICHS., p. 212, pl. XII, fig. 15-19.

   — *tricornis,* HERBST., p. 213, pl. XII, fig. 4-14.

   — *fracticornis,* PAYK., p. 213, pl. XII, fig. 20.

   — *pallipes,* GRAV., p. 214, pl. XII, fig. 21-22.

   — *talpa,* GYLLENH., p. 214, pl. XII, fig. 23-32.

CARABI, t. IV, 3ᵉ part., p. 425 (1867).

   Cicindela hybrida, LINN., p. 440, pl. XII, fig. 1-6.

   — *campestris,* LINN., p. 444, pl. XII, fig. 7.

   Omophron limbatum, LINN., p. 445, pl. XII, fig. 8-17 et pl. XIII,
        fig. 1.

   Elaphrus cupreus, DUFT., p. 449, pl. XIII, fig. 2-8.

   — *riparius,* LINN., p. 452, pl. XIII, fig. 9-11.

   Nitiophilus bigutatlus, FABB., p. 456, pl. XIII, fig. 12-18.

   — *aquaticus,* FABR., p. 456, pl. XIII, fig. 19.

   Leistus rufomarginatus, DUFT., p. 460, pl. XV, fig. 1-6.

   — *rufescens,* FABR., p. 460, pl. XV, fig. 7-10.

   — *spinilabris,* FABR., p. 461, pl. XV, fig. 11-12.

   Nebria brevicollis, FABR., p. 461, pl. XV, fig. 14.

   — *livida,* LINN., p. 465, pl. XV, fig. 13.

   Loricera pilicornis, FABR., p. 465, pl. XIV, fig. 8-16.

   Cychrus rostratus, LINN., p. 469, pl. XVIII, fig. 1-9.

   Calosoma sericeum, FABR., p. 480, pl. XVI, fig. 15-18.

   — *inquisitor,* LINN., p. 482.

Procrustes coriaceus, Linn., p. 483, pl. XVI, fig. 1-4.

Carabus intricatus, Linn., p. 485, pl. XVII, fig. 1-4.

— *violaceus*, Linn., p. 486, pl. XVI, fig. 5 et pl. XVII, fig. 5-8.

— *glabratus*, Fabr., p. 488, pl. XVI, flg. 6-8.

— *cancellatus*, Illig., p. 491, pl. XVII, fig. 9-12.

— *granulatus*, Linn., p. 493, pl. XVII, fig. 13-15.

— *Rossii*, Dej., p. 493.

— *clathratus*, Linn., p. 494, pl. XVI, fig. 12-14.

Scarites laevigatus, Fabr., p. 496, pl. XVIII, fig. 10-16.

Dyschirius thoracicus, Fabr., p. 500, pl. XVIII, fig. 17-23.

Broscus cephalotes, Linn,, p. 504, pl. XIX, fig. 1-8 et pl. XX, fig. 2.

Pterostichus nigrita, Fabr., p. 507, pl. XIX, fig. 9-17.

— *melanarius*, Illig., p. 511.

— *oblongo-punctatus*, Fabr., p. 512.

Anchomenus marginatus, Linn., p. 512, pl. XX, fig. 11-14.

— *angusticollis*, Fabr., p. 514, pl. XX, fig. 15.

— *moestus*, Duftsch., p. 514, pl. XX, fig. 16.

Patrobus excavatus, Payk., p. 514, pl. XXI, fig. 1-6.

Bembidium bipunctatum. Linn., p. 518, pl. XX, fig. 17-22.

— *pallidipenne*, Illig., p. 521, pl. XX, fig. 23.

Chlaenius vestitus, Fabr., p. 522, pl. XX, fig. 3-9.

— *nigricornis*, Fabr., p. 525, p. XX, fig. 10.

Amara convexiuscula, Marsh., p. 526, pl. XXI, fig. 7-12.

— *spinipes*, Linn., p. 530.

— *apricaria*, Fabr., p. 530.

— *livida*, Fabr., p. 530.

— *familiaris*, Duft., p. 531.

— *patricia*, Duft., p. 531.

Harpalus aeneus, Fabr., p. 531, pl. XXII, fig. 1-3.

— *ruficornis*, Fabr.. p. 535, pl. XXII, fig. 4-11.

Stenelophus anglicus, Voet, p. 535, pl. XXII, fig. 12-18.

Bradycellus rufescens, Payk., p. 539, pl. XXII, fig. 19-23.

Buprestes, t. VI, 1re et 2e parties, p. 361 et suiv. (1869).

Euchroma columbicum, Mannerh., p. 369, pl. I, fig. 1-15.

Eurythyrea micans, FABR., p. 370.

Ancyclochira rustica, LINN., p. 371.

Chrysobothris affinis, FABR., p. 372, pl. II, fig. 1-8.

Anthaxia candens, FABR., p. 373, pl. II, fig. 9-12.

Agrilus biguttatus, FABR., p. 374, pl. II, fig. 13-17.

Trachys minuta, LINN., p. 375, pl. II, fig. 18-22.

ELATERES, t. VI, 3^e partie, p. 472 et suiv. (1870).

Melasis buprestoides, LINN., p. 490, pl. III, fig. 1-12.

Cardiophorus asellus, ERICHS., p. 494, pl. IV, fig. 1-11.

    — *ruficollis*, LINN., p. 496.

Chalcolepidius erythroloma, CAND., p. 497, pl. V, fig. 1-4 et pl. VI, fig. 1.

Alaus myops, FABR., p. 500, pl, V, fig. 1-7.

Agrypnus atomarius, FABR., p. 504, pl. V, fig. 8 et pl. IX, fig. 1-5.

Lacon murinus, LINN., p. 507, pl. VI, fig. 2-8.

Melanotus castanipes, PAYK., p. 513, pl. VII, fig. 1-12.

Elater (ampedus) dibaphus, SCHIÖD., p. 513, pl. VIII, fig. 5-6.

    —   — *crocatus*, CASTELN., p. 514.

    —   — *elongatulus*, FABR., p. 514.

Elater (Ludius) ferrugineus, LINN., p. 514.

Elater (Dolopius) marginatus, LINN., p. 515.

Elater (Ectinus) aterrimus, LINN., p. 515, pl. VIII, fig. 1.

Elater (Agriates) lineatus, LINN., p. 516, pl. VIII, fig. 2-4.

Elater (Pheletes) Bructeri, FABR., p. 517, pl. IX, fig. 6-7 et pl. X, fig. 1.

Elater (Hypolithus) riparius, FABR., p. 517, pl. IX, fig. 8-9.

Elater (Tactocomus) tessellatus, LINN., p. 518, pl. IX, fig. 10-11.

Elater (Diacanthus) aeneus, LINN., p. 519, pl. VIII, fig. 8 et pl. X, fig. 3.

Elater (Hypogamus) cinctus, PAYKP.., 519, pl. VIII, fig. 7 et pl. X, fig. 2.

Elater (Corymbites) pectinicornis, LINN., p. 520, pl. VIII, fig. 9.

    —   — *castaneus*, LINN., p. 521, pl. VIII, fig. 10 et pl. X, fig. 4.

Elater (Actenicerus) sjaelandicus, O. F. MUELLER (*tessellatus*, Auct.), p. 521.

Athous rufus, FABR., p. 522, pl. X, fig. 5.

— *rhombeus*, OLIV., p. 523, pl. IX, fig. 12 et pl. X, fig. 6.

— *niger*, LINN., p. 524.

— *ruficaudis*, GYLLENH., p. 525, pl. VIII, fig. 11.

— *subfuscus*, GYLLENH., p. 526, pl. IX, fig. 13-14.

Campylus linearis, LINN., p. 526, pl. IX, fig. 15-16.

Cebrio gigas, FABR., p. 527, pl. X, fig. 7-12.

DESCRIPTION

D'UNE

ESPÈCE NOUVELLE DE COLÉOPTÈRES

DU GENRE ACALLES

PAR

MM. E. MULSANT ET A. GODART

Présentée à la Société linnéenne de Lyon, le 10 novembre 1873

Acalles Giraudi

Subovale, noir, couvert de squamules noirâtres et de soies très-courtes. Tête rugueuse, excavée sur le front ; rostre épais, très-ponctué, faiblement arqué ; yeux noirs, arrondis. Prothorax fortement transverse, rétréci au sommet, rugueusement ponctué ; chargé de cinq lignes élevées, costiformes, dont les trois médianes sont raccourcies en avant. Écusson petit, distinct. Élytres à stries ponctuées ; ornées de taches d'un jaune cendré ; intervalles alternes très-élevés, hérissés de soies raides et courtes et munis de tubercules. Tibias antérieurs légèrement arqués.

Long., 4 à 5 mill. ; — larg., 1 1/2 à 2 mill.

♂ Plus allongé, plus étroit, le rostre plus court que le prothorax.

♀ Moins allongée, plus large ; le rostre de la longueur du prothorax.

Corps subovale, déprimé, noir ; densement couvert de squamules noirâtres ; et, en outre, hérissé de soies courtes, raides, plus fortes sur les élévations du prothorax et sur les intervalles alternes des élytres.

Tête large, rugueuse, noire. *Front* largement excavé entre les yeux. *Rostre* épais, médiocrement arqué, fortement ponctué et finement caréné sur toute sa longueur. *Antennes* insérées, vers le milieu du rostre, d'un rouge ferrugineux ; le deuxième article presque égal au premier ; massue ovale-oblongue, acuminée. *Yeux* ovales, noirs.

Prothorax plus large que long ; brusquement rétréci en avant, impressionné transversalement à son bord antérieur, arrondi sur les côtés, qui ont un rebord très-épais, obsolètement subsinué à la base ; chargé de cinq élévations costiformes très-prononcées : la médiane, lisse et brillante, ne dépassant pas l'impression transversale : les deux intermédiaires arquées, raccourcies en avant : les deux extérieures entières : les quatre externes rugueuses et garnies de soies très-courtes ; rugueusement et vaguement ponctué sur sa surface ; avec les côtés revêtus de squamules blanchâtres très-serrées.

Écusson petit, bien distinct, arrondi.

Élytres plus larges que le prothorax à sa base et deux fois aussi longues que lui ; épaules saillantes, presque rectangulaires ; faiblement élargies jusqu'aux deux tiers de leur longueur, fortement atténuées ensuite et aiguëment arrondies à l'extrémité ; déprimées ; striées-ponctuées, à suture relevée en arête dans tout son parcours ; ornées de deux taches, formées de squamules d'un jaune grisâtre : la première plus grande, en forme de virgule dont la pointe, partant de la base du septième intervalle, vient rejoindre obliquement la deuxième strie, vers le milieu de sa longueur : la deuxième plus petite, subovalaire, rejoignant sur la suture, aux quatre cinquièmes de sa longueur, sa symétrique. Intervalles alternes très-élevés, le troisième se réunissant au septième vers l'extrémité, en englobant le cinquième, beaucoup plus court : le quatrième terminé à son sommet par un tubercule assez fort. On voit plusieurs autres tubercules plus petits sur la déclivité des élytres ; la suture et les intervalles alternes sont munis de soies raides, spiniformes.

Dessous du corps noir, rugueusement ponctué ; poitrine et deux premiers segments de l'abdomen couverts de squamules d'un jaune cendré, très-serrées.

Pieds robustes, noirs. *Cuisses* annelées de poils grisâtres. *Tibias antérieurs* légèrement arqués. *Tarses* d'un jaune ferrugineux.

Cette remarquable espèce, bien facile à distinguer de ses congénères par la sculpture du corselet et des élytres, a été découverte près de l'embouchure du Var, sous les écorces de l'*Eucalyptus globulus*, par M. Théodore Giraud, de Lyon, à qui nous l'avons dédiée.

DESCRIPTION

D'UN GENRE NOUVEAU

DE LA

TRIBU DES ÉLATÉRIDES

PAR

MM. E. MULSANT ET CL. REY

Présentée à la Société linnéenne de Lyon, le 9 novembre 1874

Genre *Isidus*, *Iside;* MULSANT et REY,

Ètymologie : ἴσος, égale; εἶδος, forme.

CARACTÈRES. *Corps* allongé, peu convexe, ailé.

Tête large, transverse, saillante, légèrement déclive, finement rebordée en avant. *Face* verticale. *Épistome* fortement transverse. *Labre* triangulaire, assez grand. *Mandibules* assez développées, solides, brusquement coudées, à pointe acérée et un peu recourbée en haut. *Palpes* courts. *Yeux* grands, peu saillants, subarrondis, un peu voilés en arrière par le bord antérieur du prothorax, à facettes fines et subobsolètes.

Antennes allongées, subatténuées vers leur extrémité, de onze articles : le premier oblong, épaissi : le deuxième plus étroit, très-court, sublenticulaire : les troisième à onzième fortement comprimés, graduellement plus allongés : les troisième à dixième dentés en scie intérieurement, les troisième à cinquième d'une manière plus ou moins graduée, mais les suivants seulement à leur sommet, parallèles sur la majeure partie de leur lon gueur et subitement rétrécis vers leur base : le dernier allongé, acuminé au bout.

Prothorax en carré à peine oblong; tronqué en avant; échancré à la base ; presque subparallèle sur les côtés ou à peine rétréci tout à fait vers le sommet et à peine sinué au-devant des angles postérieurs, avec ceux-ci aigus, sensiblement prolongés en arrière, légèrement divergents, finement carénés en dessus.

Écusson oblong, subogival.

Élytres très-allongées, plus larges à leur base que le prothorax, puis graduellement et subarcuément atténuées en arrière, où elles sont obtusément et simultanément acuminées. *Épaules* largement arrondies. *Repli* assez brusquement et sinueusement rétréci après la poitrine.

Métasternum très-développé. *Postépisternums* étroits, à peine rétrécis en arrière. *Postépimères* à peine distinctes.

Hanches postérieures graduellement élargies de dehors en dedans.

Pieds assez courts. *Cuisses* subcomprimées. *Tibias* assez grêles, rétrécis et subarqués à leur base, plus longs que les cuisses. *Tarses* allongés, subcomprimés, à quatre premiers articles graduellement moins longs, sans lamelle en dessous : le premier néanmoins sensiblement plus long que le deuxième, et le quatrième beaucoup plus court que le troisième : le dernier allongé, grêle, un peu en massue. *Ongles* assez grands, brusquement arqués vers leur sommet.

Obs. Ce genre, voisin des *Athoüs*, est remarquable par la structure des antennes, dont le deuxième article est très-court, et les sixième à dixième subparallèles sur la majeure partie de leur longueur. Le rebord antérieur de la tête n'est pas relevé sur les côtés. Les deuxième à quatrième articles des tarses sont sans lamelle en dessous. Les élytres sont atténuées en arrière comme dans le genre *Portmidius*, etc.

Isidus Moreli, Mulsant et Rey.

Allongé, peu convexe, finement pubescent, d'un testacé brillant, avec les yeux noirs. Tête transverse, fortement et rugueusement ponctuée. Prothorax à peine oblong, assez finement et assez densement ponctué. Élytres très-allongées, atténuées en arrière, ponctuées-striées.

♂. *Antennes* plus longues que la moitié du corps. *Prothorax* subparallèle sur les côtés.

♀ . Nous est inconnue.

Long., 0ᵐ,0080 (3 l. 1/5) ; — larg., 0ᵐ,0009 (4/5 l.).

Corps allongé, peu convexe, ailé, d'un testacé brillant; revêtu d'une pubescence pâle, courte et peu serrée.

Tête transverse, un peu moins large que le prothorax ; fortement, densement et rugueusement ponctuée ; d'un testacé assez brillant ; à pubescence plus ou moins redressée. *Front* large, subdéprimé ; creusé sur son milieu de deux impressions oblongues, obliques, subconvergentes en arrière ; à rebord antérieur non ou à peine relevé au-dessus de l'insertion des antennes, obtusément angulé dans son milieu. *Épistome* testacé, vertical. *Labre* et *mandibules* testacés, avec la pointe de celles-ci noire.

Yeux grands, très-noirs.

Antennes allongées, assez grêles, subatténuées vers leur extrémité ; finement duveteuses ; testacées ; à premier article oblong, épais, subarqué : le deuxième un peu plus étroit, très-court, sublenticulaire : le troisième oblong, comprimé, graduellement élargi en triangle : les suivants comprimés, graduellement plus allongés et plus grêles, en dents de scie : les sixième à dixième subparallèles sur la majeure partie de leur longueur : le dernier allongé, acuminé au bout.

Prothorax en carré à peine oblong, moins large que les élytres; tronqué en avant; subparallèle sur ses côtés ou à peine rétréci tout à fait vers son sommet et à peine sinué au devant des angles postérieurs, qui sont sensiblement prolongés en arrière, un peu divergents et finement carénés en dessus; échancré à sa base; légèrement convexe; assez finement et assez densement ponctué, plus légèrement sur son milieu; offrant au devant de écusson un léger épaississement transversal, émettant en avant une carène .ongitudinale, obsolète et raccourcie; d'un testacé brillant; à pubescence couchée, embrouillée ou transversalement dirigée en arrière, un peu plus longue sur les côtés.

Écusson rugueux, pubescent, d'un testacé un peu obscur.

Élytres environ trois fois plus longues que le prothorax ; graduellement et subarcuément atténuées en arrière et puis obtusément et simultanément acuminées au sommet ; faiblement convexes, plus fortement vers

leur extrémité ; parées chacune de huit stries assez fines et légèrement ponctuées ; à intervalles presque plans et offrant deux séries longitudinales de
points obsolètement râpeux, vus de côté ; d'un testacé brillant ; à pubescence courte et semi-redressée. *Épaules* largement arrondies, *Repli* d'un
testacé pâle et livide.

Dessous du corps assez fortement ponctué, pubescent, d'un testacé
brillant.

Pieds ponctués, légèrement pubescents, d'un testacé assez pâle. *Tarses*
allongés, subatténués vers leur extrémité ; *les postérieurs* à premier article
sensiblement plus long que le deuxième : celui-ci allongé, un peu plus
long que le troisième : celui-ci suballongé, beaucoup plus long que le
quatrième : celui-ci oblong : le dernier allongé, grêle, au moins égal aux
deux précédents réunis.

Patrie. Cette espèce, qui nous a été communiquée par M. E. Revelière,
a été capturée sur la plage de l'île de Rondinara, près de Porto-Vecchio,
par M. Morel, conducteur des ponts et chaussées à Bonifacio, débutant
entomologiste plein de zèle, auquel nous nous faisons un plaisir de la
dédier. M. Valéry Mayet l'a prise au vol, vers la fin de juin, dans les dunes
des environs de Cette.

DESCRIPTION

DE

DEUX ESPÈCES NOUVELLES

DE

COLÉOPTÈRES LAMELLICORNES

PAR

MM. E. MULSANT ET A. GODARD

Présentée à la Société linnéenne de Lyon, le 9 novembre 1874.

---➤✦➤---

Onthophagus Euthymi, Mulsant et Godart.

Dessus du corps noir ou d'un noir un peu bronzé, surtout sur le protho-rax ; garni en dessus de poils courts, d'un blanc livide. Élytres marquées d'une tache d'un rouge testacé livide au côté interne de leur calus huméral et de taches de même couleur formant une bordure à leur partie posté-rieure. Pygidium et cuisses intermédiaires et postérieures d'un rouge tes-tacé livide. Prothorax sans sinuosité au côté externe des angles de devant ; rétus en devant et chargé de deux saillies tuberculeuses à la partie supé-rieure de cette partie rétuse ; chargé en devant de granulations passant postérieurement à une ponctuation plus évidente. Élytres à stries légè-rement sulciformes et rayées transversalement. Intervalles chargés de petits grains presque sérialement disposés.

♂ Suture frontale à peine distincte. Lame frontale chargée d'une corne relevée et un peu brusquement rétrécie en pointe dans sa seconde moitié. Bord occipito-frontal relevé au bord postérieur des yeux. Éperon des tibias antérieurs incourbé. Éperon des tibias postérieurs plus long que le premier article des tarses.

♀ Suture frontale saillante en arc dirigé en avant. Lame frontale transversale, uniformément à peine plus saillante que la suture frontale. Éperon des tibias antérieurs droit : celui des pieds postérieurs plus court que le premier article des tarses.

Long., 0^m,0059 (2 2/3 l.); — larg. 0^m,0030 (1 2/5 l.).

♂ *Dessus du corps* d'un noir un peu bronzé en dessus, surtout sur le prothorax, avec le bord postérieur des élytres et leur calus huméral d'un rouge testacé livide. *Chaperon* en demi-cercle ; un peu entaillé ou échancré en devant ; relevé en rebord. *Tête* presque lisse, obsolètement ponctuée près de son rebord. *Prothorax* à peine ou non sensiblement sinué sur ses côté externe de ses angles de devant ; à peine rebordé sur ses côtés ; sans rebord à la base, mais paraissant légèrement relevé au devant de l'écusson ; rétus en devant et chargé d'un saillie tuberculeuse de chaque côté de la ligne médiane, à la partie supérieure de cette partie rétuse ; subaspèrement couvert, après cette partie rétuse, de petits grains paraissant suivis d'une dépression en arrière, donnant chacune naissance à un poil court, d'un livide cendré, dirigé en arrière : ces grains s'affaiblissent d'avant en arrière pour faire place à des points enfoncés à peine granuleux à leur partie antérieure. *Élytres* d'un noir bronzé, avec le côté interne de leur calus huméral et leur bord postérieur, au moins en grande partie, d'un rouge ou rouge testacé livide ; à stries légèrement sulciformes et transversalement rayées. *Intervalles* subconvexes, chargés de petits grains presque sérialement disposés, et donnant chacun naissance à un poil très-court, d'un blanc ou blanc cendré livide et couché en arrière, luisant. *Pygidium* d'un rouge testacé livide ; parsemé de petits poils luisants, d'un blanc livide. *Dessous du corps* noir ; glabre et ponctué sur les médi et prosternum ; garni de poils d'un blanc livide sur les côtés de la poitrine et au bord postérieur des arceaux du ventre ; rayé d'un léger sillon sur la partie postérieure du métasternum. *Cuisses intermédiaires* et *postérieures* d'un rouge testacé livide, glabres, obsolètement ponctuées : cuisses antérieures, tibias et tarses bruns : tibias antérieurs à quatre dents.

♀ *Tête* plus visiblement ponctuée. *Élytres* offrant parfois une autre tache d'un rouge testacé, livide sur la partie basilaire du quatrième intervalle, à partir de la suture. *Pygidium* et *cuisses intermédiaires* et *postérieures* d'un rouge testacé, parfois en partie obscur.

Patrie. Les environs de Beyrouth (Asie).

Nous avons dédié cette espèce au savant frère Euthyme, assistant du Supérieur des petits frères de Marie, à Saint-Genis-Laval (Rhône).

Rhyssemus orientalis, Mulsant et Godart.

Suballongé, subparallèle ; noir ou d'un brun noir, mat en dessus. Tête chargée de petites granulations de grosseur presque uniforme. Prothorax écointé sur la seconde moitié de ses côtés, chargé de cinq reliefs granuleux, transverses, n'aboutissant pas aux bords latéraux, et séparés par des espaces paraissant sulciformes : les deux reliefs antérieurs entiers : les trois autres interrompus sur la ligne médiane : le cinquième raccourci sur sa moitié externe. Élytres à stries étroites, lisses, bordées d'une fine ligne élevée. Intervalles saillants, chargés chacun d'une seule rangée de points tuberculeux, de grosseur médiocre. Cuisses d'un brun noir : tibias bruns : tarses d'un brun rouge.

Long., 0^m,0030 (1 2/5 l.) ; — larg., 0^m,0011 à 0^m,0013 (1/2 à 3/5 l.).

Corps suballongé, subparallèle ; d'un noir ou noir brun mat ou peu luisant en dessus. *Chaperon* presque en demi-cercle ; entaillé dans le milieu de son bord antérieur ; légèrement déprimé derrière l'entaille, légèrement relevé aux angles de celle-ci ; à peine rebordé. *Tête* voûtée ; noire ou d'un noir brun ; couverte de petites granulations presque de grosseur uniforme. *Antennes* et *palpes* d'un rouge testacé. *Prothorax* subparallèle sur les côtés, jusqu'à la moitié de la longueur de ceux-ci, écointé ensuite jusqu'aux angles postérieurs qui sont subarrondis ; en arc dirigé en arrière à la base ; sans rebord ou à peine garni d'un rebord ; mais garni de courtes soies sur les côtés et en arrière ; très-convexe, noir ou d'un noir brun mat ou presque mat ; à fond couvert de fines granulations ; chargé sur les deux cinquièmes antérieurs de deux reliefs transverses chargés de granulations moins fines que celles du fond ; chargé sur les trois cinquièmes postérieurs de trois reliefs analogues interrompus dans le milieu : l'antérieur de ceux-ci, ou le troisième, à partir du bord antérieur, incourbé près de la ligne médiane et offrant chacune de ses branches prolongée en arrière presque jusqu'à la base : le suivant ou le quatrième à partir du bord antérieur, en ligne transversale, droit presque jusqu'à l'incourbure du précédent : le cinquième situé entre le quatrième et le bord postérieur : les quatre premiers n'atteignant pas le bord externe : le cinquième nul dans sa moitié externe : ces reliefs faisant paraître les espaces qui les séparent un peu sulciformes. *Écusson* en triangle un peu plus long que large, lisse. *Élytres* une fois environ plus longues que le prothorax ; subparallèle jusqu'aux deux tiers, arrondies postérieurement ; médiocrement convexes sur le dos ; convexement déclives sur les côtés ; noires ou d'un noir brun, mat ; à rainurelles étroites, bordées chacune d'une fine ligne saillante, et lisses dans leur milieu : les six premières, à partir de l'intervalle sutural, avancées jusqu'à la base. *Intervalles* saillants, chargés chacun d'une rangée longitudinale de granulations ou points tuberculeux : les septième et neuvième postérieurement plus courts : le septième enclos postérieurement par les sixième et huitième. *Pygidium* un peu incomplétement voilé par les élytres. *Dessous du corps* d'un brun noir presque mat. *Poitrine* finement subgranuleuse sur les côtés, imponctuée sur la plaque mésosternale : celle-ci longitudinalement rayée. *Ventre* presque imponctué, garni de fines soies au bord postérieur des arceaux. *Pieds* d'un brun noir sur les cuisses, d'un brun rougeâtre sur les tibias, d'un rouge brun sur les tarses : le premier article des postérieurs uniformément grêle, aussi long que les deux suivants réunis.

Patrie. Beyrouth.

Obs. Cette espèce se distingue du *Verrucosus* par sa taille plus faible, par sa tête non verruqueuse ; par les reliefs du prothorax chargés de granulations moins fortes ; par son prothorax offrant près de sa ligne médiane un court relief avant le bord postérieur : les élytres offrant des rainurelles étroites, bordées de fines lignes saillantes, à fond lisse, par ses intervalles chargés de granulations plus petites ; par ses cuisses d'un brun noir, etc.

DESCRIPTION

D'UNE

ESPÈCE NOUVELLE DE LONGICORNE

PAR

MM. E. MULSANT ET CL. REY

Présentée à la Société linnéenne de Lyon, le 9 novembre 1874

Exocentrus Revelieri

Élytres à fond d'un brun fauve; parées chacune, des trois quarts aux quatre cinquièmes de leur longueur, d'une bande transversale de cette couleur, paraissant formée de deux taches ovalaires accolées : l'interne plus avancée et moins postérieurement prolongée : cette bande parée en devant d'une bordure de duvet blanc : les élytres assez fortement ponctuées et garnies de duvet blanc depuis la base jusqu'à la moitié de leur longueur, sur la moitié interne de leur largeur, parées sur la moitié externe de leur largeur, à partir du quart de leur longueur, de trois rangées longitudinales de taches ponctiformes de duvet blanc, dont la rangée interne se prolonge sur la bande transversale brune; garnies postérieurement de duvet blanc et de rangées de points dénudés, piligères.

Long., 0ᵐ,0080 (4 2/3 l.) — larg., 0ᵐ,0040 (3/4 1 l.).

Corps oblong ou suballongé ; médiocrement convexe. Tête brune ou d'un noir brun, garnie d'un duvet blanc ; parsemée de poils bruns, fins, mi-hérissés ; rayée d'une ligne longitudinale médiane, prolongée jusqu'au vertex. *Labre* brunâtre. *Yeux* noirs. *Antennes* d'un quart ou d'un tiers

plus longues que le corps ; ciliées en dessous ; fauves ou testacées, avec
le premier article moins clair : celui-ci garni d'un court duvet cendré ;
les 2e et 3e annelés de cendré à sa base. *Prothorax* faiblement arqué et à
peine rebordé au devant; tronqué et plus sensiblement rebordé à sa base;
d'un tiers plus large que long ; arqué latéralement et armé vers les trois
cinquièmes de ses côtés d'une épine dirigée en arrière; médiocrement
convexe, brun ou brun noir ; parfois rougeâtre au devant du bord postérieur; finement ponctué; garni d'un duvet cendré, couché, relevé en forme
de carène sur la seconde moitié de la ligne médiane. *Écusson* presque en
demi-cercle ou en triangle à côtés curvilignes; de couleur brune ; garni
d'un duvet cendré ; déprimé sur la base de la ligne médiane. *Élytres*
trois fois à trois fois et demie aussi longues que le prothorax ; subsinueusement parallèles jusqu'aux deux tiers ou un peu moins rétrécies
ensuite en ligne courbe, subarrondies (prises ensemble) à l'extrémité ;
brunes ou d'un brun fauve, mais en majeure partie garnies ou couvertes
de duvet blanc; parées chacune d'une bande transversale brune ou d'un
brun fauve, entaillée en devant et en arrière vers les quatre septièmes de
a largeur à partir de la suture, paraissant formée de deux taches ovales
ou ovalaires accolées : l'interne un peu plus avancée en devant, un peu
moins prolongée en arrière que l'externe, couvrant un peu plus de la
moitié de la largeur, depuis un peu après la moitié jusqu'aux cinq septièmes de la longueur : l'externe, depuis les quatre septièmes jusqu'aux trois
quarts : cette bande bordée en devant par une bande transversale de duvet blanc, formant deux arcs dirigés en avant et prolongée en arrière sur
la suture. Depuis la base jusqu'à la bande transversale blanche, c'est-à-
dire jusqu'à la moitié de la longueur, chaque élytre est assez fortement
ponctuée et garnie de duvet blanc sur la moitié de sa largeur ; la région
humérale est faiblement ponctuée et garnie de duvet blanc jusqu'au cinquième de la longueur des étuis ; à partir de ce point, se montrent sur la
moitié externe, trois rangées longitudinales de taches ponctiformes de
duvet blanc, dont l'interne se prolonge sur la bande transversale brune
dans sa partie la plus rétrécie, et, entre cette rangée et la suture, se montrent encore, sur la bande brune et postérieurement, les traces d'une rangée de points blancs; après la bande brune, les élytres sont garnies de
duvet blanc, parsemé de taches ponctiformes brunes ou d'un brun fauve :

des poils semblables sérialement disposés se montrent sur toute la longueur des élytres excepté sur les parties latérales déclives. *Dessous du
corps* d'un rouge testacé sur les parties inférieures de la tête, noir et garni
d'un fin duvet cendré sur le reste, presque lisse sous ce duvet, sur le ventre. *Cuisses* brunes, garnies d'un fin duvet blanc. *Jambes* d'un brun fauve
ou fauves, ciliées sur leur tranche externe, *Tarses* d'un brun fauve ou
fauve.

Cette espèce a été découverte en Corse par notre ami M. Revelière, à
qui nous l'avons dédiée.

Elle vit à l'état de larve sur l'*Alnus glutinosa* et a des mœurs analogues
à celles de l'*Exocentrus punctipennis*.

DESCRIPTION

D'UNE

ESPÈCE NOUVELLE D'ÉLATÉRIDE

PAR

MM. E. MULSANT ET CL. REY

Présentée à la Société linnéenne de Lyon, le 9 novembre 1874

Athous Revelieri

♀ *Dessous du corps variant du fauve au brun ou même au noir sur quelques parties, garni d'une fine pubescence fauve. Antennes d'un rouge flave ou testacé ; à deuxième et troisième articles plus courts, presque égaux, subfiliformes : les quatrième, cinquième et sixième plus gros, obtriangulaires. Téte marquée de points presque ombiliqués ; notée de deux impressions : bord frontal en lignes trunsverse droite. Prothorax plus long que large, convexe, marqué de points un peu plus petits ; à côtés parallèles sur leur seconde moitié ; à angles postérieurs carénés latéralement. Élytres trois fois environ aussi longues que le prothorax ; à stries marquées de points qui crénèlent les intervalles ; ceux-ci, subconvexes en devant, planiuscules postérieurement, finement pointillés. Dessous du corps variant du fauve au brun noir. Pieds d'un flave rougeâtre. Tarses postérieurs à articles simples : les premier et quatrième graduellement plus courts.*

Long., 0ᵐᵐ,0060 à 0ᵐ,0090 (2 3/4 à 4 l.) ; — larg., 0ᵐ,0015 à 0ᵐ,0022 (2/3 à 1 l.)

♀ *Corps* allongé, médiocrement convexe ; garni d'une légère pubescence fauve. *Tête* variant du fauve au brun ou même au brun noir ; marquée de points assez gros et assez rapprochés, paraissant ombiliqués ; notée de deux impressions, un peu divergentes en devant, prolongées depuis le milieu du front jusqu'au bord antérieur ; bord antérieur de front en ligne transversale droite, lisse et à peine relevée ; à angles latéraux émoussés et presque rectangulaires. *Labre* et *palpes* ordinairement d'un rouge testacé. *Antennes* à peu près aussi longuement prolongées que les angles postérieurs du prothorax ; d'un rouge jaune ou d'un rouge testacé ; garnies de quelques poils vers l'extrémité des articles : le premier, renflé ; le plus grand : les deuxième et troisième à peine obconiques : les plus petits : les quatrième, cinquième et sixième sensiblement plus gros et un peu plus longs, obtriangulaires, dilatés au côté interne : les septième et huitième, aussi longs, moins gros, obconiques : le onzième, ovalaire. *Yeux* noirs. *Prothorax* tronqué en devant avec les angles antérieurs un peu avancés, à peine rebordé ; un peu élargi en ligne courbe jusqu'au tiers, subparallèle ensuite jusqu'à l'extrémité, ou à peine un peu plus étroit vers la partie antérieure des angles postérieurs ; munis d'une fine carène au côté externe de ceux-ci ; garni, en dehors de celle-ci, d'un léger rebord invisible quand l'insecte est examiné perpendiculairement en dessus ; de moitié environ plus long que large ; convexe, avec les angles postérieurs planiuscules ; marqué d'un léger et court sillon, au devant de l'écusson : noté de points assez rapprochés, un peu plus petits que ceux de la tête et donnant chacun naissance à un poil fauve mi-couché ; obtusément en arc dirigé en devant à sa base, et rebordé seulement aux angles postérieurs. *Écusson* un peu plus long que large ; tronqué au devant, arrondi en arrière ; assez finement ponctué ; ordinairement fauve, et garni d'un duvet de même couleur. *Élytres* de la largeur en devant du prothorax à ses angles postérieurs ; à peine ou peu sensiblement subsinuées après les épaules, faiblement élargies ensuite jusqu'à la moitié de leur longueur, puis rétrécies en ligne courbe jusqu'à l'extrémité, terminées en ogive à celle-ci ; trois fois environ aussi longues que le prothorax ; médiocrement convexes sur le dos, convexement déclives sur les côtés ; à rebord marginal étroit, tranchant et peu visible en dessus ; variant du fauve au brun fauve, ou même d'un brun noir ; à neuf stries, postérieurement affaiblies, marquées de points plus gros en devant, crénelant les intervalles et les faisant paraître ridés sur la majeure partie de leur longueur, la strie juxta-marginale sulciforme. *Intervalles* subconvexes en devant, plans ou presque plans postérieurement ; finement ponctués et garnis de poils fauves, fins et mi-couchés : le sutural mi-caréné parfois, en partie rougeâtre. *Dessous du corps* d'un rouge testacé sur les parties de sa bouche ; ordinairement fauve ou d'un fauve brun sur le reste, avec les bords des anneaux du ventre souvent au moins en partie d'un rouge testacé ; plus finement ponctué sur le ventre que sur la poitrine et garni de poils fauves, fins et mi-couchés. *Pieds* d'un flave rougeâtre ; garnis d'un duvet concolore. *Hanches postérieures* aussi développées dans le sens de sa longueur à son côté interne que la cuisse dans son milieu, graduellement rétrécies à leur bord postérieur de dedans en dehors jusqu'au tiers de leur largeur, concaves et réduites à un rebord antérieur à leur côté externe. *Tarses postérieurs* simples ; graduellement plus courts du premier au quatrième : le cinquième aussi long que le premier, armé de deux ongles simples.

Cette espèce a été trouvée en Corse par notre ami Revelière, à qui nous l'avons dédiée.

DESCRIPTION

D'UNE

ESPÈCE NOUVELLE D'HISTÉRIDE

PAR

MM. E. MULSANT ET A. GODART

Présentée à la Société linnéenne de Lyon, le 9 novembre 1874.

———————— ⚬◇⚬ ————————

Platysoma Simeani

Oblong, noir, brillant; antennes et pattes brunâtres; strie frontale entière; prothorax quadrangulaire; élytres à trois stries marginales entières; les trois suivantes raccourcies; pygidium couvert de gros points ocellés, tous les tarses tridentés.

Long., 5 mill. ; — larg., 3 mill.

Corps d'un noir brillant. *Front* uni, séparé de l'épistome par une strie entière. *Antennes* noires, à massue brunâtre. *Prothorax* quadrangulaire, un peu plus large que long, lisse, rayé latéralement d'une strie entière. *Écusson* petit, lisse, triangulaire. *Élytres* une fois et demie plus longues que le prothorax, de sa largeur à la base, parallèles, lisses ; *repli latéral* ponctué, bisillonné ; les trois premières stries dorsales entières, plus profondes à la base qu'à l'extrémité, les trois suivantes raccourcies, la quatrième au quart postérieur, la cinquième au tiers et la sixième à la moitié. *Propygidium* et *pygidium* couverts de très-gros points ocellés. *Prosternum* saillant, muni au devant d'un lobe largement arrondi, bordé d'une strie, visiblement pointillé. *Mésosternum* rebordé d'une strie entière, fortement échancré à son bord antérieur pour recevoir la base du prosternum ; côtés de la poitrine et de l'abdomen fortement et ruguleusement ponctués. *Pieds* d'un rouge brun ; toutes les jambes armées de trois petites dents.

Beyrouth, sous l'écorce d'un olivier.

Nous avons dédié cette espèce à M. Pierre Siméan, entomophile lyonnais, qu'une mort prématurée vient d'enlever à la science et à l'affection de ses amis.

DESCRIPTION

DE

DEUX ESPÈCES DE COLÉOPTÈRES

NOUVELLES OU PEU CONNUES

DE LA FAMILLE DES ALÉOCHARIENS

PAR

MM. E. MULSANT ET CL. REY

Présentée à la Société linnéenne de Lyon, le 11 janvier 1875.

Genre *Mayetia*, Mayétie, Mulsant et Rey.

Caractères. *Corps* étroit, linéaire, déprimé.

Tête grande, saillante, triangulaire, plus large que le prothorax, port´e sur un cou grêle. *Épistome* tronqué en avant. *Labre* peu distinct. *Mandibules* peu saillantes, arquées. *Palpes maxillaires* assez développés, à dernier article grand, allongé.

Yeux nuls ou peu distincts.

Antennes courtes, à deux premiers articles grands, épaissis : les suivants petits, très-courts : les trois derniers formant ensemble un bouton subsphérique et presque solide.

Prothorax suboblong, rétréci en arrière, impressionné sur son disque, non rebordé sur les côtés.

Écusson très-petit, à peine distinct.

Élytres subcarrées, un peu plus larges en arrière, individuellement subarrondies au sommet. *Épaules* assez saillantes.

Abdomen allongé, épaissement rebordé sur les côtés, à quatre premiers segments courts, subégaux : le cinquième plus grand : le sixième presque aussi long que le précédent, subogival.

Pieds peu allongés. *Cuisses* faiblement élargies vers leur milieu. *Tibias* grêles. *Tarses* très-courts.

Obs. Ce genre, qui a la tournure d'un *Euplectus,* nous semble devoir appartenir à la famille des *Aléochariens,* par la forme des élytres et de l'abdomen. Il doit être colloqué près du genre *Borporopora.*

Mayetia sphaerifer, Mulsant et Rey.

Allongée, linéaire, déprimée, à peine pubescente, d'un testacé brillant, Tête marquée de deux sillons convergeant en avant. Prothorax impressionné en arrière sur son disque. Élytres finement et assez densement pointillées.

Long., 0ᵐ,001.

Corps allongé, étroit, linéaire, déprimé, à peine pubescent, testacé, brillant.

Tête grande, triangulaire, plus large en arrière que le prothorax, presque lisse, testacée. *Front* très-large, à peine convexe, relevé en avant entre les antennes, creusé sur son disque de deux sillons obliques, convergeant antérieurement, de manière à former un chevron, dont l'ouverture est en arrière. *Col* étroit.

Yeux nuls ou seulement indiqués par un léger point roussâtre.

Antennes un peu plus longues que la tête, relativement assez épaisses, testacées, avec le bouton plus pâle ; à deux premiers articles grands, sensiblement épaissis : le premier suboblong : le deuxième plus court, suborbiculaire : les suivants très-courts, fortement contigus : les trois derniers formant ensemble un bouton subsphérique, presque solide ou à articles comme soudés.

Prothorax suboblong, graduellement et subarcuément rétréci en arrière où il est un peu moins large que les élytres ; aussi large en avant que celles-ci ; à peine arrondi au sommet et à la base ; déprimé ; d'un testacé brillant ; presque lisse ; creusé sur son disque d'une large impression longitudinale qui, à un certain jour, semble former la croix près de la base.

Écusson très-petit, peu distinct, testacé.

Élytres subcarrées ou à peine transverses; un peu plus larges en arrière qu'en avant ; déprimées ; finement et assez densement pointillées ; d'un testacé brillant.

Abdomen allongé, presque aussi large à sa base que les élytres, au moins trois fois et demie plus prolongé que celles-ci ; subparallèle ou à peine élargi postérieurement ; longitudinalement convexe sur le dos, plus sensiblement et déclive en arrière ; d'un testacé assez brillant ; à quatre premiers segments courts, subégaux : les deux suivants plus grands : le dernier aussi long que le précédent, subogival.

Dessous du corps peu convexe, testacé.

Pieds d'un testacé pâle. *Cuisses* subélargies dans leur milieu. *Tibias* grêles. *Tarses* étroits, très-courts.

Patrie. Cette espèce remarquable, dont nous faisons un genre nouveau, a été découverte à Massane (Pyrénées-Orientales) par M. Valéry Mayet, qui nous l'a communiquée. Elle se tient cachée sous les pierres profondément enfoncées.

DERIARD (Auguste Antoine)

Né à Givors en 1796, Mort à Lyon le 14 Novembre 1873.

NOTICE

SUR

AUGUSTE-ANTOINE DÉRIARD

PAR

M. E. MULSANT

Lue à la Société linnéenne de Lyon, le 11 mai 1874.

On ne peut voir, sans un sentiment de tristesse, disparaître pour toujours quelques-uns des membres avec lesquels nous étions unis par la confraternité de la science, et surtout quand ils avaient toutes nos sympathies.

Celui dont j'ai à vous entretenir aujourd'hui mérite des regrets particuliers, car il était le dernier représentant des fondateurs de notre Société.

Auguste-Antoine Dériard était né en 1796, à Givors, où sa mère, par suite des troubles de l'époque, avait été chercher un séjour plus tranquille.

Il était le vingt-sixième et dernier enfant d'une de ces familles patriarcales dont le nombre devient plus rare chaque jour [1].

Sa première éducation fut l'objet des soins de son excellente mère, et les leçons précieuses qu'elle sut déposer dans son cœur y sont restées gravées toute sa vie.

---

[1] Son père était marchand de fer sur le quai Saint-Antoine. Il avait été marié deux fois ; il avait eu seize enfants de sa première épouse, et dix de la seconde. Cette dernière était fille de M. Montigny, maître tapissier, fournisseur des échevins.

Jeune encore, il commença ses premières études classiques dans le pensionnat de l'abbé Plantier, rue du Juge-de-Paix, et il les termina au collége de Lyon.

Son éducation scolaire achevée, il se destina d'abord à la médecine, et, dans ce but, il fit deux années d'études ; mais son père, âgé de quatre-vingt-quatre ans, lui ayant témoigné le désir de le voir établi, avant de quitter cette terre, pour lui complaire, il renonça à cette carrière, pour laquelle il se sentait beaucoup de goût, se présenta aux examens de pharmacien à l'école de Paris ; son concours fut si brillant qu'il fut reçu pharmacien avec dispense d'âge. C'était en 1818.

La même année, il fondait, sur l'ancienne place des Jacobins, l'établissement dont la maison Lardet forme aujourd'hui la suite.

Un an après, il songea à se donner une compagne. Il recherchait surtout, dans sa future épouse, une piété solide, des goûts modestes, un caractère aimable, qualités qui ont une si grande influence sur le bonheur de la vie ; il les trouva toutes réunies dans sa cousine, mademoiselle Parrayon, et il l'épousa en 1819.

Cette union a fait jusqu'à sa mort, c'est-à-dire pendant cinquante-quatre ans, le charme de son existence.

Dériard était né avec le goût des sciences et des arts, et il les cultivait avec zèle ; il se joignit avec empressement aux autres savants ou amis de la nature qui fondèrent, en 1822, la Société linnéenne.

Il s'était distingué dès sa jeunesse par son ardeur au travail et son amour pour l'étude. Il s'y livra avec tant d'entraînement, pendant les dix premières années de son hyménée, que sa santé se trouva gravement compromise. Il dut, par l'ordre de son médecin, se condamner au repos intellectuel absolu et aller respirer l'air de la campagne.

Cette inactivité, qui le força à se défaire de son commerce, dura plus d'un an, terme après lequel, revenu à la santé, il rentra à Lyon et fonda, rue Dubois, un établissement de pharmacie-droguerie transporté, plus tard, dans la rue Tupin.

Cette maison dut bientôt à son savoir et à sa probité une réputation méritée, et, grâce à son activité, Dériard éleva bientôt le chiffre de ses affaires à une somme assez considérable.

Il avait l'art de se faire aimer de tout le monde, et surtout de ses élèves et employés. Il les poussait au travail, pour leur donner les moyens de se créer plus vite une position. Mais il était principalement mû par le sentiment du devoir ; il ne s'efforçait pas seulement de les rendre habiles dans leur profession, il cherchait surtout à les maintenir et à les faire avancer dans la voie du bien. Il s'ingéniait pour leur procurer des divertissements honnêtes et pour les détourner des plaisirs dangereux qui, dans les villes, offrent tant d'écueils aux jeunes gens, et il a eu la consolation de voir ses efforts couronnés de succès. Tous ont répondu à ses soins : tous sont devenus des hommes estimables. L'un d'eux, M. Mallet, est aujourd'hui attaché, dans la société des maristes, aux missions de l'Océanie, auxquelles, depuis trente ans, il consacre son zèle généreux.

En se séparant de cet élève bien-aimé, que son ardente charité poussait vers ces îles lointaines pour y porter le flambeau de la foi catholique, Dériard voulut le pourvoir d'une pharmacie complète, renouvelée presque chaque année depuis cette époque par des envois nouveaux de médicaments, en échange desquels son élève reconnaissant lui adressait des plantes, des minéraux et des coquillages.

Le commerce de Dériard aurait suffi pour occuper toute l'activité d'un homme ordinaire ; mais le négociant n'avait pu résister à ses penchants favoris, et je vous étonnerais peut-être si je vous disais vers combien de sujets s'est porté son esprit.

Amateur des plantes par goût et par devoir, puisqu'elles se rattachent à la profession qu'il exerçait, il avait fait, en botaniste instruit, un herbier remarquable ; il avait également réuni de nombreux échantillons de minéralogie et de conchyliologie.

Il a laissé le droguier peut-être le plus complet qui existait en France, et le savant directeur de l'école secondaire de médecine de notre cité, M. Glénard, s'est empressé d'en faire l'acquisition pour cet établissement.

Il a publié un ouvrage fort utile sur la synonymie des noms

pharmaceutiques anciens avec les nouveaux, et peu de personnes auraient traité cette matière aussi bien que lui[1].

Il avait réuni, dans son petit musée, une assez grande quantité de médailles et un certain nombre de tableaux.

Ses goûts le portaient surtout à tout ce qui se rattache à l'histoire de notre ville. Il trouvait dans ces études les délassements les plus doux et les occupations les plus attrayantes.

Il avait, dans ce but, recueilli les jetons frappés dans notre cité depuis les temps les plus anciens, et il se proposait de faire sur ce sujet un travail historique qui eût été fort curieux ; il avait même déjà commencé à faire représenter quelques-unes de ces pièces, lorsqu'il s'aperçut de la perte d'un certain nombre de ces objets. Il renonça dès lors à son projet.

Il a laissé manuscrits vingt-quatre volumes in-4° d'une biographie lyonnaise, complète presque jusqu'à la fin de la lettre P. Je l'engageais à déposer ce travail important dans notre bibliothèque publique, où chacun aurait pu venir consulter ce recueil précieux sur la vie des Lyonnais dignes de mémoire. Il y paraissait tout disposé ; mais son fils lui ayant témoigné le désir de posséder le fruit de ses patientes recherches, il ne pouvait le lui refuser. Puisse ce fils mettre la dernière main à cet ouvrage et en faire jouir le public en le faisant imprimer !

Dériard, pour se livrer avec plus de liberté à ses goûts pour l'étude et à d'autres œuvres devenues plus chères encore à son cœur, avait quitté depuis douze ans l'établissement qu'il avait fondé ; mais il n'avait pu renoncer à l'habitude de le visiter chaque jour et d'aller s'y rendre utile pour contribuer à la prospérité de cette maison. L'égoïsme, cette plaie des sociétés en décadence, n'avait jamais pu entrer dans son âme.

Mais je ferais bien imparfaitement connaître Dériard, si je ne montrais en lui que l'ami des sciences et des arts, et même l'homme aimable et bienveillant pour tous. Le moment est venu de soule-

---

[1] *Synonymie chimique et pharmaceutique*, par Aug. Dériard. In-8°. Lyon Aîné Vingtrinier. 1865.

ver le voile sous lequel il aimait à cacher ses vertus. Presque la dernière année de sa vie a été principalement consacrée à la charité.

Il était entré dans la société des Hospitaliers en 1841, et bientôt il lui voua tout son zèle et s'y livra aux œuvres les plus pénibles qui rentrent dans le but de l'association.

En 1853, il sollicita l'autorisation de fonder une colonie chez les Petites Sœurs des Pauvres, à la Villette. Il acheta, à ses frais, la plus grande partie du matériel nécessaire, et quand la terrible inondation de 1856 renversa le local où se faisait l'œuvre et entraîna le mobilier, il voulut se charger de le renouveler.

Il n'a cessé, jusqu'à sa mort, d'être attaché à cette colonie, dont il était l'ami, et de prodiguer ses soins dans cette maison. Il fallait le voir auprès des veillards recueillis dans cet établissement ; il se faisait leur serviteur ; il les traitait avec un respect et une délicatesse que la charité seule sait inspirer. Il avait toujours pour eux des sourires et de douces paroles. Il s'efforçait de leur procurer de petites douceurs. Il avait compris la privation de ceux qui, ayant contracté l'habitude de fumer, ne pouvaient satisfaire ce besoin souvent impérieux, et, pour leur être agréable, il ramassait les bouts de cigares rejetés par des hommes peu accoutumés aux petites économies. Il les apportait tout joyeux à ses bons vieillards ; on lui faisait la cour pour en avoir. Il est facile de comprendre quelles jouissances il leur procurait.

Dans les dernières années de son existence, ayant de la peine à se baisser pour ramasser ces feuilles roulées de tabac, il avait adapté une pointe au bout de sa canne pour les recueillir avec plus de facilité. Un jour, à l'entrée d'un pont, il venait de faire une pareille trouvaille et de la mettre dans sa poche : « Vieil avare ! » lui jeta à la face un homme mal habillé, marchant à ses côtés. Dériard ne répondit rien ; ils continuèrent à cheminer côte à côte ; puis, quand ils atteignirent l'extrémité du pont, se tournant vers ce voisin peu poli, il lui souhaita honnêtement le bonsoir.

A mesure qu'il avançait en âge, son dévouement et son zèle, loin de se refroidir, semblaient prendre une activité nouvelle. Il aurait cru ne pas faire assez, s'il n'avait usé le reste de sa vie au service de la charité.

Malgré la modicité de sa fortune, il ne pouvait résister au besoin de faire le bien ; et quand sa bourse ne lui fournissait pas les moyens de satisfaire à ses désirs, il en trouvait les ressources dans quelques sacrifices. Il se faisait tout à coup, dans sa bibliothèque ou dans son musée, un vide qui ne pouvait échapper aux regards de son entourage. C'était un livre ou un échantillon précieux dont il s'était défait pour venir en aide à quelques malheureux, et Dieu sait combien il lui en coûtait de se défaire de ces objets, à la possession desquels il attachait tant de prix et dans lesquels il trouvait tant de jouissances !

Aussi, qui pourrait dire combien il a rendu de services, procuré de positions ou de travail à des gens sans emploi ; à combien de malheureux il a trouvé une place dans nos hospices ou chez les Petites Sœurs des Pauvres ; combien il a soulagé d'infortunes, adouci de peines morales, versé de baume sur des cœurs ulcérés ; combien il a ramené dans la voie du bien de personnes qui avaient oublié le chemin du ciel ?

Il avait accepté la charge d'infirmier et celle de veilleur adjoint pour les paroisses des Brotteaux et de la Guillotière, pour y trouver une occasion nouvelle de produire des actes de dévouement.

Depuis quelque temps, il avait consenti à voir son nom reparaître sur la liste des membres de la Société linnéenne [1], dont il était l'un des fondateurs ; mais il n'avait jamais voulu venir s'asseoir à nos séances, où il n'aurait plus retrouvé aucun de ses anciens amis ; sa modestie lui faisait éviter toutes les occasions où il aurait pu en-

---

[1] Voici les noms des fondateurs de cette compagnie : MM. Balbis, directeur du Jardin des Plantes, président; Aunier; Cap; Champagneux, ancien directeur de la Loterie ; Chancey ; Dériard, pharmacien; Dupasquier (Alphonse), docteur en médecine ; Fauché, pharmacien militaire ; Filleux, architecte paysagiste; Foudras, licencié en droit et avoué; Grognier, professeur à l'école vétérinaire ; Lacène, maire d'Écully, amateur distingué de fleurs et de fruits, à qui l'on a dû plus tard les expositions de fleurs à Lyon ; Lortet, botaniste; Madiot, directeur de la pépinière départementale ; de Martinel, administrateur de cette pépinière ; l'abbé Pagès, professeur de théologie ; Tabareau, officier du génie et plus tard doyen de la Faculté des sciences; Tissier, professeur de chimie; Vatel, professeur vétérinaire.

core briller par son savoir aux yeux du monde. Il ne vivait plus
que par la charité.

La mesure de ses œuvres de dévouement allait bientôt être com-
ble. Il commença à se sentir fatigué. Le médecin soupçonna un
cancer à l'estomac, et ses prévisions avaient porté juste.

Dériard comprit toute la gravité de cette maladie, pour laquelle
la science n'a point de dictame ; il se résigna, à l'avance, aux longues et douloureuses souffrances, inséparables de ce genre de
tumeur ; il les supporta avec la plus admirable résignation. Au
calme de sa figure, on n'aurait pu deviner les peines souvent atroces
auxquelles il était en proie. Il reçut des visites sans nombre.

Le vendredi 14 novembre 1873, dans l'après-midi, la porte fut
fermée pour tout le monde ; on voyait la mort arriver à grands pas.
Il me fut donné, par une faveur spéciale, d'être le dernier à le voir
sur son lit de douleur. Sa figure s'illumina aussitôt d'un sourire. On
m'avait recommandé de ne pas le faire parler ; il serra affec-
tueusement ses mains dans les miennes, et, levant ses yeux vers le
ciel, semblait me dire que là étaient toutes ses espérances. Quelques heures après, il allait jouir, durant des jours éternels, du bonheur qu'il s'était préparé, par une vie passée tout entière à faire
le bien.

Dériard était d'une taille un peu au-dessous de la moyenne ; d'un
tempérament sec, sa figure reflétait la douceur de son caractère, le
calme et la beauté de son âme. Toujours prêt à obliger, il n'est
jamais sorti de sa bouche une parole aigre ou contraire à la
charité. Le travail et l'étude furent ses uniques passions, le désir
d'être utile à ses semblables, son principal mobile. Avec de telles
qualités, comment n'aurait-il pas eu d'amis? L'inquiétude empres-
sée avec laquelle on venait chaque jour s'informer de son état, durant sa maladie, et le concours dont nous avons été les témoins à
l'occasion de ses obsèques le prouvent assez.

Le corps est resté exposé pendant deux jours et a attiré une
affluence considérable de visiteurs ; la mort n'avait rien ôté à l'an-
gélique expression de sa figure ; il semblait sommeiller ; il reposait, en effet, de la mort des justes.

Par une observation dont tout le monde a été frappé, le travail de désorganisation organique qui s'opère après le décès n'avait pas encore osé commencer son œuvre de destruction ; on ne respirait, auprès de ce corps privé de vie depuis soixante heures, que le parfum de ses vertus.

Le jour de ses funérailles, une longue suite de personnes de tous les rangs accompagnait ses dépouilles mortelles. Ses anciens élèves ou employés ont tenu à honneur de porter son corps jusqu'à sa dernière demeure, malgré la longueur de la distance à parcourir.

Après lui avoir donné le dernier adieu dans le champ consacré où sont déposés ses restes, les yeux ne versaient point de larmes, mais chacun se disait dans son cœur : Ah ! qu'il est doux de mourir en laissant comme lui une mémoire bénie !

NOTES

SUR

QUELQUES TROCHILIDÉS

PAR

A. BOUCARD

MEMBRE CORRESPONDANT DE LA COMMISSION SCIENTIFIQUE DU MEXIQUE
DE LA SOCIÉTÉ GÉOLOGIQUE DE LONDRES, ETC. ETC.

Présentées à la Société linnéenne de Lyon, les 10 février 1873 et séances suivantes.

Euxoteres aquila. BOURCIER.

Habit. La Colombie ; l'*E. heterura*, provenant de l'Équateur, n'en est qu'une variété. On le trouve aussi à Costa-Rica ; mais c'est toujours *l'aquila.*

Glaucis hirsuta, GMELIN, et sa variété *Mazeppa.*

Je l'ai reçu du Brésil et de la Trinidad.

Phaetornis Eurynome, LESSON, Commun au Brésil.
— *superciliosus*, LINNÉ. Commun à Cayenne.
— *consobrinus*, BOURCIER et MULSANT. Reçu de l'Équateur.
— *Cephale*, BOURCIER et MULSANT.

Habit. Sante-Comapam (Mexique), Coban (Guatemala).

Bec noir en dessus ; jaune avec l'extrémité noire en dessous. Gorge tirant sur le noir, coupée au milieu par une large bande d'un jaune clair, qui s'avance jusqu'à la poitrine. Ventre gris jaune. Calotte noirâtre. Dos, roux métallique tirant sur le vert. Croupion jaune roux. Ailes noires plumes de la queue noires en dessus et en dessous avec l'extrémité blanche.

Cet oiseau est rare au Mexique, mais il doit l'être moins à Coban, d'où j'en ai reçu un certain nombre d'exemplaires. Je tuai pour la première fois cette espèce, le 15 août 1856, à Sante-Comapam, *hacienda* [1], située à deux lieues de la mer, au bord du lac de Sante-Comapam, dans lequel ont accès les petits navires. Ce lac est à mi-chemin entre Alvarado et Minatitlan.

La chaleur y est excessive, aussi grande qu'à Vera-Cruz ; mais la contrée n'y est pas exposée à la fièvre jaune. Le pays est très-boisé ; de grandes forêts vierges s'étendent de tous côtés à perte de vue. Dans le lointain, on aperçoit les hautes montagnes du volcan de Saint-Martin, ce qui donne à ce lieu un aspect très-pittoresque. C'est dans ces belles forêts, où j'aimais à chasser pendant la grande chaleur de la journée, que je découvris le *Cephale*, qui se nourrit surtout de petits insectes qui fréquentent les fleurs de l'*Arbre du Voyageur*.

Phaetornis Guyi, LESSON. Reçu de l'Équateur et de Costa-Rica.

   —   *AEmiliae*, BOURCIER et MULSANT. Colombie et Costa-Rica.

   —   *Yaruqui*, BOURCIER. Équateur.

   —   *Augusti*, BOURCIER et MULSANT. Caracas (Venezuela).

Pygmornis Adolphi, (SALLÉ), GOULD.

Habit. Cordoba (Mexique).

Bec noir en dessus, jaune avec l'extrémité noire en dessous. Gorge et ventre roux. Tête et dos vert bronzé. Croupion de même couleur avec l'extrémité de chaque plume rousse. Chaque plume de la queue vert bronzé, bordée de roux : les deux plumes du milieu presque blanches à l'extrémité.

Cet oiseau est très-commun aux environs de Cordoba ; mais il n'est pas

---

[1] On appelle *hacienda* au Mexique les grandes fermes et les fabriques de sucre et d'eau-de-vie. Celle dont il est ici question appartenait dans le temps à deux Français, MM. Auguste et Prosper Legrand ; ces messieurs, avec leur générosité habituelle, voulurent bien mettre la maison à ma disposition.

facile de se le procurer, parce qu'il passe la plus grande partie de la journée dans la forêt, où il est très-difficile de l'apercevoir ; ce n'est donc que le matin ou le soir, au moment où il prend son repos, qu'on a quelque chance de le chasser avec succès, encore faut-il être très-alerte ; car il vole avec une rapidité surprenante. Il prend sa nourriture dans des fleurs situées presque rez terre, il m'a semblé plus craintif que les autres oiseaux-mouches. Je ne l'ai pas aperçu se battant presque continuellement comme font les autres.

Le 1er février 1855, étant à la poursuite d'un oiseau assez rare (le *Grallaria guatemalensis*), je fus attiré dans l'épaisseur de la forêt, et pendant que je cherchais de tous côtés à apercevoir l'objet de ma poursuite, mon attention fut attirée par un chant vif et mélodieux, qui se répétait de tous côtés, autour de moi ; on aurait pu croire que j'étais entouré d'une multitude d'oiseaux invisibles. Il était près de midi. Je restai assez long-temps avant de pouvoir découvrir d'où pouvaient provenir ces chants ; et cela m'intriguait d'autant plus qu'il me semblait que tous ces oiseaux devaient être seulement à quelques pas de moi. C'était en effet la réalité. Enfin, après quelques instants, je finis par découvrir un de ces oiseaux à trois pas de moi, puis un autre, puis un troisième ; et enfin je m'en trouvai tout entouré. Ils étaient tous perchés sur de petites branches sèches, presque rez terre. De là la difficulté de les apercevoir. Je les cherchai sur les arbres à hauteur d'homme. Tout en chantant, ils se rengorgeaient, passaient leurs plumes dans le bec, cherchaient à faire les beaux, pour plaire à leurs femelles, qui, à coup sûr, n'étaient pas bien loin. C'était à qui chanterait le plus longtemps et le plus fort. Leur chant durait une minute et recommençait après un moment de silence. Ils étaient si nombreux à cette époque, qu'il y en avait presque toujours cinq ou six qui chantaient à la fois. De temps en temps ils s'envolaient, probablement pour se rapprocher de leurs femelles ou prendre un insecte ; mais ils ne tardaient pas à revenir sur la même branche qu'ils occupaient auparavant.

J'ai tué cet oiseau à Cordoba et à San-Andres Tustla, tous pays tempérés, sur le versant de l'Atlantique. J'en ai reçu quelques exemplaires de Coban (Guatemala); mais je n'en ai pas vu d'une autre provenance plus au sud. Peut-être cette espèce ne se trouve-t-elle que dans ces deux pays.

Sphenoproctus pampa, Lesson. Reçu de Coban (Guatemala).
—   *curvipennis*, Gould. Habit. Cordoba, Jalapa (Mexique).

Cet oiseau est assez abondant à Cordoba. On le rencontre presque toujours sur la lisière des forêts, dans lesquelles il se réfugie pendant la journée ; il sort le matin et le soir de l'épaisseur des bois, pour prendre sa
nourriture. Il a un chant mélodieux et soutenu. C'est en les entendant
chanter que je découvris leur retraite et que je m'en procurai un certain nombre. *Glou, glou, glou*, répété maintes fois, sur divers tons, tantôt
suaves, tantôt animés, reproduit assez exactement le son qu'ils font entendre, et cela, de onze heures à quatre heures du soir. L'oiseau est alors
perché sur une petite branche sèche, à une hauteur de quinze à vingt pieds.
Généralement la femelle est près de là et couve, pendant que le mâle fait
entendre sa voix. Comme tous les Campyloptères, il est très-querelleur. A
chaque instant, il s'envole pour poursuivre les oiseaux qui s'approchent
trop près de lui. Sous aucun prétexte, il ne souffre qu'un autre oiseau
prenne sa place, où il revient invariablement se poser. Sa couleur grise le
rend difficile à apercevoir dans la forêt ; et ce serait un oiseau difficile à
se procurer, s'il ne trahissait sa présence par son chant, qui s'entend
d'assez loin (1).

Campylopterus lazulus, Vieillot. Reçu fréquemment de Bogota.
—   *Delattrii*, Lesson. Habit. Cordoba, Jalapa (Mexique),
Coban (Guatemala).

♂ Bec noir. Gorge et ventre d'un bleu éclatant. Calotte noire. Croupion vert. Quatre plumes centrales de la queue d'un noir verdâtre : les
autres blanches et noires sur parties égales.

♀ Gorge bleue. Ventre gris. Dos vert.

Ce magnifique oiseau est très-commun au Mexique et au Guatemala. Il
vit par paires ; mais on en rencontre souvent plusieurs paires à peu de distance les unes des autres. Il aime les endroits sauvages ; on est certain de

---

(1) Contrairement à ce qu'on a écrit, j'ai pu observer, pendant une exploration en
Amérique, principalement au Mexique, que la majeure partie des Trochilidés chantent
plus ou moins à certaines époques de l'année, principalement au moment des amours.

le rencontrer dans les *barrancas* ou ravins les plus inaccessibles. On le
trouve dans l'intérieur des forêts vierges, au bord des ruisseaux où croissent les fougères arborescentes et diverses plantes tropicales vivant sur les
rochers ou en parasites sur les grands arbres. Tels sont les lieux où cet oiseau se réfugie pendant la chaleur. C'est là aussi qu'il construit son nid
qni est presque aussi grand que celui d'une mésange ; il le fait généralement avec de la mousse, et garnit le centre avec du coton ou de la soie
végétale, et il le place dans les endroits les plus inaccessibles. Il a un vol
rapide et puissant, qui s'entend de loin. Je ne l'ai pas entendu chanter ;
mais il pousse de temps en temps un cri aigu, à l'aide duquel on le re-
connaît aisément et sans lequel il serait difficile de le découvrir, car il est
toujours perché au milieu des feuilles, où il est peu aisé de l'apercevoir.
Il est très-batailleur et fait une chasse active aux insectes, qu'il ne craint
pas d'aller chercher jusque dans les toiles d'araignées.

Campylopterus ensipennis, Swainson.

Commun à la Trinidad, d'où je l'ai souvent reçu. L'*obscurus* et l'*equa-
torialis*, reçus de Macas (Équateur), n'en sont que des variétés.

Campylopterus rufus, Lesson.

Reçu de l'Amérique centrale.

Aphantochroa cirrochloris, Vieillot.

Reçu du Brésil.

Sternoclyta cyanipectus, Gould, rare.

Reçu de Caracas (Venezuela).

Eugenes fulgens, Swainson.

Habit. Mexico, Puebla, Oaxaca (Mexique), Coban (Guatemala).

♂ Bec noir, gorge d'un vert éclatant, ventre noir, calotte bleue, dos
noir, à reflets dorés, croupion vert doré, queue d'un vert bronzé.

♀ Plus petite que le ♂, grise.

Cet oiseau est très-commun à Mexico, pendant les mois de juin et de juillet ; je l'ai trouvé aussi abondamment à la Parada (1), où j'ai séjourné assez longtemps. C'est un pays de terre froide (2) et très-riche pour le naturaliste. Au mois d'octobre, quand il arrive à la Sierra (3), tous les buissons sont en fleurs, et il arrive des quantités considérables d'oiseaux-mouches, à tel point que les Indiens d'Ixtepexi, Ixtlan, Capulalpam, font métier de prendre ces oiseaux avec des filets de leur invention et les vendent rôtis, à raison de trente centimes la douzaine : ils sont alors très-gras et très-recherchés pour la table.

J'en ai tué beaucoup sur des fleurs de Carduacées, qui se trouvaient dans mon jardin. De trois à quatre heures, ils se réfugient dans la forêt. Depuis six heures du matin jusqu'à onze, ils ne cessent de butiner ou de se battre. La présence de l'homme les effraye si peu qu'ils recueillaient le suc des fleurs à trois ou quatre pas de moi.

Coeligena Clemenciae, Lesson.

Habit. Oaxaca, Mexico.

Bec noir, gorge bleue, ventre gris, dos vert bronzé, les quatre plumes centrales de la queue noires, les autres noires, avec l'extrémité blanche.

Comme les précédents, il émigre au sud du Mexique, où il passe l'hiver, probablement à Chiapas ; car je n'en ai jamais reçu de Guatemala. Comme l'*E. fulgens*, il fréquente les chardons, il est aussi commun que ce dernier, et comme lui, il est pris en grande quantité, par les Indiens d'Oaxaca et de Mexico. Il est très-abondant dans les environs de cette dernière ville pendant les mois de juin, juillet et août, puis il descend à Puebla, Tchuacan, et arrive à Oaxaca à la fin de septembre. Il part vers les premiers jours de novembre. Comme le *fulgens*, c'est un oiseau des montagnes qui résiste bien au froid ; car il gèle quelquefois en novembre à la Parada quand ces oiseaux sont encore là.

____

(1) Nom d'une auberge située à moitié chemin de Oaxaca à Ixtlan, à sept lieues de la première de ces villes.

(2) J'entends par terre froide les plateaux élevés du Mexique.

(3) Chaine de montagnes faisant partie des Cordillères et traversant l'État d'Oaxaca de part en part.

Lamprolaema Rhami, LESSON.

Habit. Jalapa, la Parada (Mexique), Coban (Guatemala).

Ce bel oiseau est beaucoup plus rare que les précédents. Il vient du nord
du Mexique et va passer l'hiver au Guatemala, à la Parada, où j'ai eu l'occasion d'en tuer un certain nombre ; il ne se mêlait pas avec les *fulgens* et
Clemenciae, mais restait dans les forêts de chênes et prenait sa nourriture
surtout dans les fleurs de Broméliacées. Quand il a adopté une branche
pour se poser pendant le temps qu'il doit passer dans la localité, il y revient
toujours. Comme le Gobe-Mouche, il fait une chasse incessante aux insectes
qui passent près de lui. Sa vue est très-perspicace ; il aperçoit de très-loin
la petite proie sur laquelle il va fondre.

Ces oiseaux se trouvent en général par paires et à une distance assez éloignée les uns des autres, ils font une chasse active à tous les autres Trochilidés qui s'approchent d'eux. Ils poursuivent l'intrus très-loin ; quelquefois
ils s'élèvent ensemble dans les airs à perte de vue, puis ils reviennent tout
à coup reprendre leur place habituelle.

Coeligena Henrici, LESSON.

Habit. Cordoba, Jalapa, Playa, Vicente et autres terres tempérées du
Mexique.

C'est une espèce assez rare ; elle vit dans les forêts, où il est assez difficile de l'apercevoir ; je ne l'ai jamais entendue chanter ; au reste, j'ai eu
peu d'occasions de l'observer. Elle n'est pas du nombre des espèces qui
émigrent au sud du Mexique.

Lampornis Prevosti, LESSON.

Habit. Cordoba, Jalapa (Mexique).

On voit fréquemment cet oiseau dans les jardins : il aime à se percher
sur les branches d'arbres dépouillées de leurs feuilles, il reste des heures
entières en observation et ne quitte son poste que pour courir sus aux
insectes, ou pour poursuivre ses pareils passant près de lui. Il niche sur
les caféiers.

Cyanomya quadricolor, Vieillot.

Habit. Le volcan d'Orizaba.

M. Auguste Sallé et moi avons tué cet oiseau pendant notre excursion au pic d'Orizaba, à une altitude très-élevée. Il se tient presque exclusivement dans les forêts. Comme les autres espèces, il prend possession d'une branche favorite et de là il s'envole à chaque instant, soit pour prendre quelques mouches ou autres petits insectes passant à sa portée, soit pour se battre avec ses adversaires.

Cyanomya violiceps, Gould.

Habit. Oaxaca, Puebla, Cuernavaca.

C'est moi qui ai eu le plaisir de découvrir cette charmante espèce pendant mon séjour à Oaxaca, en 1857. J'en envoyai plusieurs individus à mon ami M. Sallé, qui les communiqua à M. Gould, qui en donna la description et lui imposa le nom de *violiceps*, en raison de sa calotte d'un bleu violacé.

Cette espèce ne se trouve que sur le versant du Pacifique; elle y remplace le *quadricolor* qui se tient sur l'autre versant. Je l'ai tuée à Oaxaca, à Atlisca, à Cuernavaca, pendant toute l'année. Mais elle n'a son plumage de noce que depuis le mois de mars jusqu'à celui de mai. A cette époque, on trouve assez fréquemment les nids de cet oiseau.

Cette espèce et la précédente peuvent être considérées comme exclusivement mexicaines; car je n'en ai jamais vu d'exemplaires d'autre provenance. Ce sont des espèces auxquelles on peut donner le nom de locales, car on les trouve pendant toute l'année dans les pays sus-nommés.

A Oaxaca, le *violiceps* vient, jusque dans les jardins, prendre sa nourriture sur les fleurs de *Cactus*.

Cyanomya cyanocephala, Lesson.

Habit. Cordoba, Orizaba, Jalapa.

Cet oiseau est assez commun autour de ces villes. Il n'est pas rare de le rencontrer dans les jardins, où il niche quelquefois. C'est une espèce locale comme les précédentes. Je n'en ai vu aucun exemplaire provenant d'autres pays.

Cyanomya Guatemalensis, GOULD.

Habit. Vera-Paz, Guatemala.

Cette espèce, très-voisine de la précédente, est assez commune dans les montagnes de la Vera-Paz, d'où j'en ai reçu un grand nombre.

Cyanomya Franciae, BOURCIER.

Habit. La Colombie.

Gyanomya cyanicollis, GOULD.

Habit. Le Pérou.

Cyanomya viridifrons, ELLIOT.

Habit. Puebla (Mexique).

Cette espèce nouvelle, dont le type existe dans la riche collection du Dr Elliot, m'a été envoyée par M. Eugène Rébouch, jeune et actif voyageur, sur lequel j'avais fondé les plus grandes espérances, mais qui, malheureusement, n'ont pas été réalisées, ce jeune homme ayant cessé de chasser, après avoir si bien débuté. Je n'ai reçu de lui qu'un seul exemplaire de cette belle espèce, que j'ai cédé à M. Elliot. Cet oiseau a beaucoup de ressemblance avec le *violiceps ;* mais il s'en distingue facilement par sa calotte verte. C'est probablement une espèce locale comme les précédentes.

Leuchochlois albicollis, VIEILLOT.

Habit. Bahia. Je l'ai reçu abondamment.

Leucolia candida, BOURCIER et MULSANT.

Habit. Le Mexique et Guatemala.

Très-commun à Cordoba (Mexique) et à Vera-Paz (Guatemala). Cet oiseau appartient au groupe des espèces émigrantes ; il descend probablement au Guatemala par les provinces de Tustla, Campèche, Izabal ; de là, il se répand dans la Vera-Paz. J'ai observé, à ce sujet, qu'on peut classer les Trochilidés mexicains en deux catégories : 1º les espèces du versant atlantique, qui partent des environs de Matamoros, passent par Jalapa,

Cordoba, Tustla, Mazatlan, Belize et, de là, se répandent dans la province de la Vera-Paz ; 2° les espèces du versant pacifique qui partent des
hauts plateaux du Mexique et descendent par Cuernavaca, Oaxaca, Chiapas, pour arriver aussi dans la même province, de façon qu'en hiver,
c'est-à-dire depuis le milieu de novembre jusqu'au mois de mars, toutes
ces espèces se trouvent réunies dans la Vera-Paz. En mars, ces oiseaux
reprennent chacun leur route pour leurs pays respectifs, où ils nichent et
passent la belle saison. Cette observation est d'autant plus intéressante,
qu'à part quelques espèces (1), qui habitent les deux versants, on ne trouve
jamais aucune des autres passant d'un versant à l'autre. J'ai fait une autre
observation curieuse. Le *Selasphorus rufus*, qui niche exclusivement dans
la Californie, est la seule espèce de ce pays qui émigre dans le sud du
Mexique, où je l'ai tuée abondamment dans les environs de Puebla et de
Oaxaca (à la Parada) ; mais il est probable qu'il s'arrête dans l'État de
Chiapas, pour y passer l'hiver ; car je n'en ai pas encore vu un seul provenant de Guatemala. Il s'arrêterait donc dans l'État de Chiapas, avec les
autres espèces des hauts plateaux du Mexique, tels que : *Selasphorus platycerus, Calothorax cyonopogon, Heliopaedica melanotis* et quelques autres
qu'on ne trouve pas dans le Guatemala.

J'ai eu l'occasion de voir plusieurs passages de ces jolis oiseaux pendant
mon séjour de quelques années dans la cordillère de la province de
Oaxaca. Ils arrivent à la fin de septembre, époque de la saison des fleurs,
et s'en vont dans les premiers jours de novembre. Ils reviennent vers le
mois de mars, mais en moins grand nombre.

La bande des émigrants du versant du Pacifique se compose des espèces
suivantes :

Eugenes fulgens (très-commun), *Coeligena Clemenciae* (très-commun),
Lamprolaema Rhami (rare), *Lampornis Henrici* (très-rare), *Heliopaedica
melanotis* (excessivement commun), *Trochilus colubris* (commun), *Selasphorus rufus* [2] (commun), *Selasphorus platycerus* (commun), *Colothorax
Cyanopogon, Petasophora thalassina* et *Pyrrhophaena beryllina*.

(1) *Lamprolaema Rhami, Coeligena Clemenciae, Trochilus colubris*, et une ou
deux autres.

(2) Quand cet oiseau arrive au Mexique, il a la gorge moins belle, et je dirai même

Les émigrants du versant de l'Atlantique, suivant mes observations faites pendant mon séjour à San Andres Tustla, se composent des espèces suivantes :

Campylopterus hemileucurus, Lamprolaema Rhami, Lophornis Helenae Trochilus Colubris (très-abondant), *Atlnis Heloisae. Triphaena Duponti, Abeittei, Petasophora thalassina, Leucolia candida, Pyrrophaena beryllina Caniveti* (1).

Hors donc les quelques espèces que nous avons dites habiter les deux versants, je n'ai jamais vu les autres se trouver ensemble, si ce n'est quand ils se réunissent dans la province de Vera-Paz ; puis, quand le printemps arrive, elles se séparent de nouveau, pour retourner, les unes sur le versant atlantique, les autres sur le versant de l'océan Pacifique.

La *L. candida* est un oiseau très-matinal ; dès que l'aube paraît, on le voit suivre les petits buissons en fleur pour prendre sa nourriture. On l'entend à peine voler : serait-ce pour ne pas attirer sur lui l'attention des autres espèces, qui lui font une guerre impitoyable ?

Tous les Trochilidés, en général, se mettent en quête de leurs aliments le matin, de bonne heure, et le soir un peu avant le coucher du soleil. On les voit cependant, mais beaucoup plus rarement, s'occuper de ce soin durant la journée. On pourrait croire, alors, qu'ils en agissent ainsi, pour avoir la force de supporter les fatigues du voyage. La nourriture plus copieuse qu'ils prennent alors leur donne un tel embonpoint qu'on a la plus grande difficulté à en préparer les peaux bien propres.

Thaumatias chionurus, GOULD.

Habit. Costa-Rica. J'ai reçu un certain nombre de ces oiseaux de Panama.

Amazilia Yucatanensis, CABOT.

comme usée ; il a changé la couleur verte de son dos en une sorte de roux. Cette remrque a été faite sur des milliers d'individus.

(1) *Phaetornis cephale* et *Pygmornis Adolphi,* font probablement partie de la bande, car ils disparaissent pendant un certain nombre de mois au Mexique, pendant lesquels ils sont abondants au Guatemala ; mais il est difficile de l'affirmer, parce que leurs voyages à travers les forêts les plus épaisses se font probablement de très-grand matin.

Habit. Le Yucatan. Cette espèce doit être considérée comme locale. Elle est très-rare dans les collections.

Amilia cerviniventris, GOULD.

Habit. Cordoba (Mexique).

M. Sallé et moi avons tué cette espèce à Tospam près Cordoba. Cet oiseau venait souvent dans le jardin et a même niché dans les caféiers.

Amazilia Riefferi, BOURCIER.

Rare au Mexique, mais très-commun au Guatemala.

Pyrrhophaena berryllina, LICHSTENSTEIN.

Habit. Cordoba, Oryzaba, Oaxaca. Cette espèce est très-commune au Mexique. Elle émigre au Guatemala pendant l'hiver. Elle vient fréquemment dans les jardins et y niche.

Erythronota Feliciae, LESSON.

J'ai reçu cette espèce de mon ami Rojas, de Caracas ; il l'avait tuée dans les environs de cette ville.

Erythronota niveiventris, GOULD.

J'ai reçu cette espèce d'un de mes voyageurs, qui explore la province de Veragua. C'est une espèce assez rare.

Epherusa eximia, DELATTRE.

Habit. Chuiantla (Mexique) et Veraz-Paz (Guatemala).

Cette espèce est très-rare au Mexique. Je ne l'ai vue que dans la province de Chuiantla, à Oaxaca, pendant le mois d'août, et je n'ai pu m'en procurer que quelques exemplaires, malgré d'actives poursuites. Ces oiseaux venaient prendre leur nourriture sur un arbre en fleurs qui se trouvait au milieu du village et ne semblaient pas effrayés de la présence de l'homme. Cette remarque s'applique, du reste, à la plupart des Trochilidés.

Epherusa poliocerca, ELLIOT.

Habit. Putla (Mexique).

Cette espèce nouvelle est encore une des découvertes de mon jeune voyageur M. Eugène Rébouch, qui n'envoya malheureusement que deux exemplaires, dont un imparfait, qui se trouvent aujourd'hui dans la collection de M. le Dr Elliot.

Cette espèce est très voisine de la précédente ; mais elle en diffère par la queue, ayant de chaque côté les trois dernières plumes presque toutes blanches en dessous, tandis que l'*eximia* n'en a que deux, qui sont moitié blanches, moitié noires. M. le Dr Elliot, avec son coup d'œil observateur, saisit de suite ce caractère distinctif et donna à l'espèce le nom de *poliocerca*.

Epherusa cupreiceps.

Habit. Costa-Rica. J'en ai quelques exemplaires de ce pays.

Epherusa egregia, SCLATER et SALVIN.

Habit. Veragua.

J'ai reçu quelques exemplaires de cette espèce, qui se rapproche de l'*Eph. poliocerca*.

Circe latirostris, SWAINSON.

Habit. les environs de Mexico.

Parmi les milliers de milliers de Trochilidés qui me sont arrivés de Mexico, tels que *Selasphorus rufus et platycercus, Colothorax cyanopogon, Patosophora thalassina*, il ne s'est trouvé qu'une douzaine d'exemplaires de cette espèce, ce qui me fait supposer qu'elle doit être très-rare et que son habitation est le nord du Mexique. Peut-être, de là, va-t-elle jusqu'en Californie. Cette supposition est d'autant plus probable que les exemplaires que j'ai reçus de Mexico étaient en mauvais plumage. Je n'en ai jamais vu un seul exemplaire provenant du sud de Mexico.

Circe Doubledeayi, BOURCIER.

Habit. le Mexique.

Doleromya sordida, Gould.

Habit. Oaxaca, Atlisca (Mexique.)

C'est encore une des espèces que j'ai eu le bonheur de découvrir en 1857, pendant mon séjour à Oaxaca. J'en envoyai un certain nombre à mon ami M. Sallé, qui les communiqua à M. Gould, et ce dernier en donna la description. Pendant longtemps on a cru que c'étaient des femelles d'un mâle inconnu; mais, ayant tué et disséqué un bon nombre d'exemplaires mâles et femelles, j'ai pu facilement dissiper ces doutes.

Cette espèce n'est pas rare aux environs d'Oaxaca. Je l'ai retrouvée en assez grande abondance à Puebla, en 1865. Ces oiseaux venaient jusques dans les faubourgs de la ville chercher leur nourriture. Je trouvai aussi un certain nombre de nids. Quelques-uns n'avaient qu'un œuf. La couvée dure environ quinze jours. En arrivant à la vie, le jeune oiseau est nu; bientôt son corps se couvre d'un léger duvet; puis, celui-ci s'épaissit; et, enfin, les plumes commencent à pousser; vingt et quelques jours après sa naissance, le jeune oiseau commence à se tenir perché sur les bords du nid et s'essaie à voler. Il ne tarde pas alors à abandonner son nid et à se mêler avec les autres.

Tant qu'il n'est que poussin, on peut voir la mère arriver à chaque instant pour le nourrir. Pour cela, elle introduit son bec dans celui du jeune et dégorge dans ce dernier tout ce qu'elle a dans l'estomac. Elle répète souvent la même opération durant toute la journée; la mère mène alors une vie très-active, ayant à pourvoir à sa nourriture et à celle de ses petits. Il m'est arrivé, quelquefois, de pouvoir prendre la mère avec les mains en m'approchant doucement du nid, du côté opposé où se trouvait sa tête.

Pendant que la femelle couvait, souvent le mâle, perché près de là, s'occupait à faire sa toilette et poursuivait tous les oiseaux ou animaux qui s'approchaient du nid. Quelquefois même, il ose attaquer l'homme.

J'ai aussi souvent entendu chanter des Trochilidés mâles, pendant que la femelle couve. Mais cette remarque ne s'applique pas à la *D. sordida*, que je n'ai jamais entendue chanter.

Cette espèce est locale, c'est-à-dire reste toute l'année dans le pays. Je ne l'ai jamais vue sur le versant atlantique. Son habitat s'étend, à ma connaissance, depuis le sud d'Oaxaca jusqu'à Cuernavaca ; peut-être même la trouvera-t-on encore plus au nord.

Ce charmant oiseau est très-familier et vient souvent dans les jardins. Pendant la vie, son bec est d'un beau rouge. La femelle ne diffère du mâle que par sa couleur d'un gris plus clair.

Aithurus polytmus.

Habit. La Jamaïque. Cet oiseau paraît être commun dans cette île, et l'on en trouve souvent des nids.

NOTES

SUR LES

TROCHILIDÉS DU MEXIQUE

PAR

M. A. BOUCARD

MEMBRE CORRESPONDANT DE LA COMMISSION SCIENTIFIQUE DU MEXIQUE
DE LA SOCIÉTÉ GÉOLOGIQUE DE LONDRES, ETC., ETC.

———

Présentées à la Société linnéenne de Lyon, le 11 janvier 1875.

Helipaedica melanotis, Sw.

Habit. Mexico, Puebla, Oaxaca (Mexique).

Bec rouge en dessus et en dessous, avec les extrémités noires. Gorge bleue, puis d'un beau vert métallique. Ventre gris émaillé de vert. Calotte bleue. Dos vert. Queue noire, avec l'extrémité gris bronzé. Les deux plumes médiaires bronzé vert. Ailes noires. La ♀ ne diffère guère du ♂, que par le bec, qui est presque totalement noir, et la gorge et le ventre, qui sont gris, parsemés de plumes vertes.

Cette espèce est très-commune au Mexique, principalement à Mexico, Puebla et Oaxaca, tous pays froids pour le Mexique. Il abonde aux alentours de Mexico et de Puebla, en juin, juillet, août et septembre.

En octobre, il arrive dans les montagnes de Oaxaca d'où il part en novembre pour Chiapas, où il passe l'hiver. Je ne l'ai jamais vu dans les collections expédiées de Guatemala, ce qui me fait supposer qu'il n'arrive pas jusque-là.

C'est un des Trochilidés du versant du Pacifique dont les Indiens font un grand commerce comme gibier[1] et aussi comme oiseau employé pour les parures des dames. Il se laisse approcher de très-près. Il niche à Mexico et à Puebla.

Florisuga mellivora, LINN.

Habit. Mexique, Guatemala.

Bec noir. Gorge et poitrine d'un beau bleu foncé. Ventre blanc bordé de vert. Calotte bleue. Cou blanc. Dos et croupion verts. Queue blanche, avec l'extrémité noire : les médiaires vertes. Ailes noires. La ♀ diffère du ♂ par sa gorge, sa poitrine et son ventre, qui sont gris, parsemés de quelques plumes vertes, et sa queue vert bronzé, avec l'extrémité blanche.

Cet oiseau est très-rare au Mexique, tandis qu'au contraire il est très-commun au Guatemala. Je n'en ai tué que quelques individus à la Lana[2], en juillet 1859. Je me rappelle même mon émotion ; car je croyais avoir affaire à une espèce nouvelle.

J'ai passé des heures entières sous un certain arbre (une sauge ?) où ils avaient l'habitude de venir prendre leur nourriture, pour me procurer les quelques exemplaires que j'envoyai à mon ami Sallé. Je fus bien désappointé quand j'appris que cette espèce était connue.

Je pense qu'une étude sérieuse de ce genre fera découvrir qu'il y a plusieurs espèces parmi les oiseaux connus sous le nom de *mellivora ;* car il serait surprenant que cette espèce se trouvât depuis le Brésil jusqu'au Mexique. Il serait à désirer que des naturalistes habitant le Brésil, la Colombie et le Guatemala, prissent des notes de l'époque à laquelle on le trouve dans chacun de ces pays, pour arriver à savoir s'il émigre d'un pays dans l'autre.

Lophornis Helenae, DELATTRE.

Habit. Mexique, Guatemala.

Bec blanc. Gorge verte. Collerette bleu foncé, entremêlée de plumes

---

[1] A l'époque de leur passage à Istlan-Capulalpam, ils sont très-gras et, pour cette raison, sont très-recherchés pour la table. C'est un mets très-délicat.

[2] Principale ville de la Chinautla, dépendant de la province de Choapam (État de Oaxaca), nombre d'habitants, 500.

plumes d'un jaune roussâtre. Ventre blanc, tacheté d'or. Calotte vert foncé, séparée au milieu par des plumes formant corne de chaque côté. Du milieu de la tête partent six petites plumes noires, effilées, d'un pouce de long. Dos vert. Croupion de même couleur, traversé par une bande d'un jaune roux. Queue rousse, tirant sur le rouge, bordée de vert bronzé : les médiaires vert bronzé. Ailes noires. La ♀ a la gorge d'un blanc jaunâtre, parsemée de petites taches dorées ; la queue est traversée par une large bande noire au milieu ; le bec est noir en dessus ; la calotte, le cou et le dos sont verts.

En 1843, ce charmant petit oiseau a été découvert par le célèbre voyageur naturaliste Adolphe Delattre, à Jalapa (Mexique).

C'est un oiseau assez rare, surtout au Mexique ; c'est avec la plus grande difficulté et beaucoup de patience que je pus en récolter une douzaine d'exemplaires, pendant mon long séjour au Mexique. Je tuai mon premier le 25 janvier 1855[1]. Je m'en souviens encore comme si c'était hier. J'osais à peine le toucher, de peur de l'abîmer. Bien souvent je suis retourné à la même place pendant toute la journée, avec plus ou moins de succès. Le passage de cet oiseau ne dura guère qu'un mois. Il était en compagnie de l'*Abeillei*, de l'*Héloïse* et du *Constant*. A la même époque, j'ai tué aussi des *Adolphi*, *Caniveti*, et des *Arsinoë*.

Le bruit que fait l'*Hélène* en volant ressemble complétement au vol d'un gros bourdon ; c'est à s'y méprendre. Il en est de même de l'*Héloïse* et du *Petit-Rubis*, de sorte qu'on ne sait jamais auquel de ces oiseaux on a affaire. C'est avec bien de la peine que l'on peut le distinguer, et encore faut-il en être très-près. L'endroit favori où je tuai cet oiseau était une petite éclaircie au milieu de la forêt, au pied de la chaîne de montagnes qui avoisine Cordoba et qui se prolonge jusqu'au Chiquilmite, sur la route de Vera-Cruz. Il fréquentait un petit arbre à fleurs blanches, en grappes, dont malheureusement je ne sais pas le nom.

En 1856, à peu près à la même époque, ces oiseaux revinrent, et je fus encore assez heureux pour m'en procurer quelques exemplaires.

---

[1] Sur la route de Tospam au rancho des Cervantes. Tospam est une hacienda de café à une lieue de Cordoba. Son propriétaire, notre excellent ami, feu José Apolinario Niéto, entomologiste distingué, l'avait mise à notre disposition.

Le 27 janvier 1857, je tuai une ♀ à Sante Comapam (1). Quelques jours après, j'en vis quelques individus, près de Catemuco; ils prenaient leur nourriture sur le même arbuste qu'à Cordoba, et aussi sur la plante appelée vulgairement *Mala mujer*.

Ornismya colubris, Linn.

Habit. États-Unis, Mexique et Guatemala.

Bec noir. Gorge rubis. Poitrine blanche. Abdomen gris. Flancs d'un vert métallique. Tête et dos de la même couleur. Queue effilée, d'un vert bronzé : les médiaires vertes, avec l'extrémité bronzée. La ♀ est complétement grise, avec la queue noire et l'extrémité blanche.

Cette espèce est excessivement commune. J'en ai vu des quantités considérables près de Tuxtla et aussi dans les montagnes de Oaxaca. Elle est donc de tous les climats. Elle niche aux États-Unis et de là se répand sur les deux versants. Elle se trouve en nombre avec les *melanotis*, *Clemenciae*, *Rivolii* et autres, à l'époque du passage à la Parada, depuis octobre jusqu'en novembre, mais l'éclat métallique de sa belle gorge a disparu. A Mexico, elle est commune en juillet et en août. Elle aime beaucoup les fleurs du chardon. Un certain nombre de ces oiseaux restent au Mexique à l'époque des amours et y nichent.

Ornismya Alexandri, Bourcier et Mulsant.

Habit. Mexique.

A peu près de la même taille que l'*Ornismya colubris*, dont il diffère par sa gorge, qui est d'un beau violet métallique.

Il est très-rare au Mexique. Je ne l'ai vu qu'aux environs de Mexico, en compagnie de *Selasphorus rufus*, *platycercus*, *Ornismya colubris*.

Je ne pense pas qu'on ait encore signalé cet oiseau au sud de Mexico, et cependant il doit bien certainement passer l'hiver du côté de Chiapas.

(1) Hacienda dont j'ai déjà parlé, bâtie à deux lieues de la mer, sur l'Atlantique, entre Alvarado et Minaletlam.

Stellula Calliope, GOULD.

Habit. Mexique.

Bec noir. Gorge rubis, s'étendant très-loin de chaque côté, jusqu'à l'abdomen. Ventre blanc. Tête et dos verts. Queue noire en dessus, grise en dessous. Ailes noires. La ♀ n'a pas de couleur sur la gorge.

Comme le précédent, cet oiseau est très-rare au Mexique. Il se trouve à la même époque que l'*Alexandri*, les *Selasphorus rufus*, *platycercus*, et c'est un vrai hasard quand on peut le tuer, car toutes ces espèces sont très-difficiles à distinguer. Elles font toutes le même bruit en volant.

C'est exactement comme si l'on était entouré par un essaim de Bourdons ou de Sphynx.

Selasphorus rufus, GMEL.

Habit. Mexique.

Bec noir. Gorge rubis. Poitrine blanche. Abdomen roux. Queue longue, étroite, rousse, avec l'extrémité des médiaires noire. Dos vert doré. La ♀ est plus claire et n'a pas de couleur sur la gorge.

Il habite la Californie depuis le mois d'avril jusqu'à la fin d'août. Il y niche. Il construit son nid sur de petits arbrisseaux, aux alentours de la ville de San-Francisco, et quelquefois même dans les jardins. M. Laglaise, petit-fils du célèbre naturaliste voyageur Lorquin, m'a raconté qu'il avait été témoin d'un départ de ces oiseaux pour leur émigration annuelle. Vers la fin d'août, étant un jour à la chasse aux insectes, il se reposa sous un magnifique chêne, à quelques lieues de San-Francisco. Là, il vit arriver un grand nombre de ces oiseaux sur ce chêne, comme s'ils s'étaient donné rendez-vous dans cet endroit. Cela dura près d'une heure. Puis tout à coup, ils partirent tous dans la même direction. Ce fait, s'il est bien authentique, est remarquable. Pour ma part, j'y crois assez volontiers, car c'est l'époque de leur migration au Mexique, et il est plus probable qu'ils émigrent par bandes qu'isolément, d'autant plus qu'au Mexique ces oiseaux se montrent toujours par bandes, mêlés avec beaucoup d'autres espèces, tandis qu'en Californie, ils vivent par paires. Il y a donc tout lieu de croire que M. Laglaise a eu réellement le bonheur de jouir d'un spectacle bien rare, celui de voir tous ces oiseaux se réunir à un point donné, pour entreprendre leur long voyage d'émigration.

Quand ce Trochilidé arrive au Mexique, son plumage a changé de couleur. Son dos est devenu tout roux; quelques plumes, d'un vert doré, apparaissent, par ci par là, mais sont très-parsemées, et sa gorge est bien moins brillante. A cause de ces différences, le savant ornithologiste M. Gould, a été plusieurs fois sur le point de croire que c'était une espèce distincte ; mais il est bien certain que non, car l'époque à laquelle il apparaît au Mexique coïncide juste avec l'époque à laquelle il disparaît de Californie.

En outre, parmi un très-grand nombre d'exemplaires que j'ai tués au Mexique, je n'en ai jamais obtenu un seul en plumage de noce. Je n'en ai jamais trouvé le nid non plus. Cette question d'espèces doit être donc considérée comme bien résolue.

Il parcourt tout le versant du Pacifique, jusqu'à la Parada (État d'Oaxaca), où je l'ai vu en quantité, depuis le mois de septembre jusqu'à mi-novembre.

Il est probable qu'il passe l'hiver dans l'État de Chiapas; car je n'en ai pas encore vu un seul exemplaire provenant du Guatemala, et cependant, durant ces dernières années, j'ai vu bien certainement au moins cent mille Trochilidés de ce pays.

Selasphorus platycercus, Sw.

Habit. Mexique et Guatemala.

Bec noir, long, mince et très-droit. Gorge rubis foncé rouge. Poitrine blanche. Ventre gris, avec quelques plumes vertes, dorées sur les flancs. Couvertures de la queue blanche. Queue violette : les deux rectrices moyennes vertes : les latérales sont terminées par une tache blanche et les deux externes arrondies. Ailes noires. Dos vert doré. La ♀ a la gorge blanche, émaillée de petites taches rousses, le ventre blanc, avec les flancs roux ; le dos vert bronzé.

Il est très-commun aux environs de Mexico, pendant les mois de juin, juillet et août. Il arrive, avec les autres espèces émigrantes, dans l'état d'Oaxaca, en septembre, et il en part en novembre.

Il est alors très-gras et est très-abondant à cette époque. Il niche à Puebla et à Mexico, et probablement encore plus au nord. C'est une espèce des terres froides du Mexique. Il est très-rare au Guatemala.

Calypte Costae , BOURC.

Habit. Mexique, Californie.

Plus petit que l'*Annae*, ayant comme lui des plumes éclatantes sur la tête et sous la gorge, mais violettes.
Très-rare au Mexique.

Calypte Annae , LESS.

Habit. Mexique, Californie.

Bec noir, long. Tête et gorge amarantes, brillantes, vert doré en dessus. Poitrine grise. Ventre gris. Flancs d'un vert doré, avec l'extrémité de chaque plume grise. Queue noire, frangée de gris. La ♀ est toute grise, avec le dos vert doré.
Il est très-rare au Mexique.

Selasphorus Floresii , LODD.

Habit. Nord du Mexique. Très-rare.

Atthis Heloisae, LESS. et DEL. (*Revue zoologique*, 1839, p. 15).

Habit. Mexique et Guatemala.

Bec noir, petit, avec la base de la mandibule inférieure blanche. Gorge d'un beau rouge violet, à reflets métalliques. Poitrine et ventre blancs. Flancs vert doré, avec l'extrémité de chaque plume rousse. Queue arrondie, rousse à la base, noire au centre et blanche à l'extrémité. La ♀ a la gorge blanche, parsemée de petites plumes dorées.
Il est assez rare au Mexique. Il habite les pays tropicaux, mais montagneux, tels que les environs de Cordoba, Jalapa, Orizaba, San Andres, Tuxtla.
Il est toujours en compagnie d'autres espèces, telles que l'*Helene*,

l'*Abeillei*, l'*enicurus*, etc. Le bruit qu'il fait en volant imite exactement celui d'un bourdon. Il est impossible, en l'entendant voler (1) de savoir si c'est un *Héloise* ou un *Hélène*, car le bruit est le même. Ce sont les deux plus petites espèces que l'on trouve au Mexique. Il est très-difficile à bien préparer : sa peau étant très-délicate.

On le trouve aussi au Guatemala, aux environs de Coban. J'en ai reçu plusieurs de ce pays. Je ne crois pas qu'il descende plus au sud, car je n'en ai pas encore vu dans les collections de Costa Rica. Il passe l'hiver dans l'Amérique centrale et revient au printemps. Il niche aux environs de Jalapa.

Calothorax cyanopogon, Sw.

Habit. Mexique.

Bec noir, long, recourbé. Gorge rouge, à reflet bleu violet, se prolongeant très-loin de chaque côté. Poitrine blanche. Ventre blanc. Flancs couverts de plumes d'un vert doré. Queue fourchue, à rectrices brunes, terminées en pointe. Dos vert doré. La ♀ n'a pas de couleur à la gorge. Il est très-commun aux environs de Puebla, San Andres, Chalchicomula et Mexico. Il y niche.

C'est donc un oiseau des terres froides, habitant les plaines. Il fréquente beaucoup les fleurs d'une plante grimpante que je crois être un *Convolvulus*, qui croît au milieu de petits arbustes sur lesquels il perche. Il fait une grande chasse aux petits insectes et il est très-querelleur. Il attaque le *Phaeoptila sordida*, qui se trouve aux environs de Puebla avec lui.

Vu au soleil, quand il est perché sur une branche en évidence, sa gorge produit un effet splendide, qui égale l'effet des plus belles pierres précieuses.

Pendant que sa femelle couve, il est ordinairement perché près d'elle, faisant le guet. De temps en temps, il s'envole à perte de vue en droite ligne, puis redescend avec une grande rapidité et reprend sa même place.

---

(1) Par le bruit fait en volant, par leurs cris ou leurs chants, je pouvais reconnaître aisément presque toutes les espèces de Trochilidés du pays que j'habitais.

Je l'ai vu faire ce manége plusieurs fois de suite, en chantant et en se rengorgeant, comme pour faire le beau auprès de sa ♀.

Calothorax pulchra, GOULD.

Habit. Oaxaca, Mexique.

Exactement semblable au précédent, dont il ne diffère que par le bec, qui est un peu moins long, et la queue, dont les plumes sont arrondies, au lieu d'être terminées en pointe, comme dans le *cyanopogon*. Ce n'est peut-être qu'une variété locale. Au premier abord, M. Gould lui-même l'avait confondu avec le *cyanopogon*. Plus tard, quand j'en envoyai quelques autres spécimens, il pensa reconnaître assez de différence entre les deux pour pouvoir décrire celui-ci sous le nom de *pulchra*.

C'est à tort qu'il en attribue la découverte à mon ami, M. Sallé. C'est moi qui découvris cette belle espèce à Oaxaca, le 28 juin 1857. Je vois sur mon journal que le jour où je tuai cette espèce, je fis la remarque qu'elle ressemblait beaucoup au *cyanopogon*, mais me paraissait distincte.

Pendant mon séjour à Oaxaca, j'en tuai environ une douzaine, que j'envoyai à mon ami, M. Sallé, qui les communiqua à M. Gould.

Ce joli oiseau venait prendre sa nourriture jusque dans les faubourgs de la ville, sur les Cactus, avec lesquels les Indiens forment les haies qui entourent leurs propriétés. Jamais je n'en ai tué autre part que sur ces haies.

En 1871, M. Eugène Rébouch m'en a envoyé quelques exemplaires tués par lui à Putla, village situé à une quarantaine de lieues au nord-ouest de Oaxaca.

Il est d'une vivacité extrême, et c'est avec beaucoup de peine et de temps que j'ai réussi à m'en procurer quelques exemplaires.

Doricha Elizae, LESS. et DELATTRE (*Revue zoologique,* p. 20).

Habit. Mexique.

Bec noir. Gorge rouge violet. Queue étroite, longue, formée de rectrices dilatées. Ventre roux.

Très-rare. Il habite les plaines, aux environs de Jalapa et de Vera-Cruz.

Mon ami M. Sallé et moi en avons tué quelques exemplaires dans les plaines de Camarones, près Vera-Cruz.

Tilmatura Duponti, Less.

Habit. Mexique et Guatemala.

Bec noir, court, recourbé. Gorge d'un bleu saphir. Poitrine blanche. Ventre vert doré foncé. Dos vert doré. Queue très-longue, se terminant en spatule ; la base rayée de brun, roux et blanc ; chacune des plumes de la queue terminée par une tache blanche. La ♀ est rousse en dessous, vert doré en dessus, et a la queue courte et arrondie, avec une tache blanche à l'extrémité de chaque plume.

Il est très-rare au Mexique. Il vit en compagnie des *Hélène*, *Héloïse* et *Abeillei* (Cordoba Jalapa), dans les pays tempérés et montagneux. Sa queue le fait distinguer facilement des autres espèces. J'en ai reçu dernièrement un exemplaire de Oaxaca, tué dans les montagnes. Jamais je ne l'ai vu moi-même dans ce pays.

Il émigre pendant l'hiver au Guatemala, avec l'*Hélène* et l'*Héloïse*.

Loddigesia ?

Je vois sur mon journal que le, 1ᵉʳ août 1856, vers cinq heures du soir, je vis, près de San-Andres Tuxtla, un oiseau-mouche avec une queue extraordinaire. Malgré de fréquents retours à la même place je ne le revis plus.

Aujourd'hui que j'ai vu le type du *Loddigesia mirabilis* dans la célèbre collection Loddiges, je crois que mon oiseau pourrait bien être une espèce de ce genre remarquable.

Il est à souhaiter que les naturalistes de Mexico fassent d'actives recherches pour se procurer cet oiseau.

Baucis Abeillei, Delatt. et Lesson.

Habit. Mexico et Guatemala.

Bec court, noir. Gorge d'un beau vert émeraude métallique, puis noire. Ventre vert foncé. Dos vert. Queue en dessous noire, frangée de vert, avec l'extrémité grise, les médiaires sont vertes en dessus.

La femelle est grise en dessous et verte en dessus.

J'ai tué ce joli oiseau aux environs de Cordoba, sur les même arbustes en fleurs fréquentés par les *Hélène* et *Héloïse*. Il est très-craintif et se sauve aussitôt qu'il aperçoit d'autres espèces. C'est à peine si on l'entend à trois mètres de distance, tellement il fait peu de bruit en volant.

En revanche, il chante très-fortement. J'en ai reçu un certain nombre d'exemplaires de Coban au Guatemala, où il passe probablement l'hiver. Il aime, ainsi que l'*Hélène* et l'*Héloïse*, les pays montagneux boisés et humides.

Petasophora thalassina, Sw.

Habit. Mexique et Guatemala.

Bec tout noir. Gorge verte, métallique ; une ligne bleue part du bec, passe au-dessous de l'œil et forme deux plaques bleues derrière l'oreille. Poitrine bleue au centre avec les côtés vert foncé. Ventre vert foncé. Dos de même couleur. Queue en dessous bleue verdâtre, traversée vers le milieu par une large bande noire, bleuâtre ; les médiaires sont vertes en dessus et sont traversées par la même bande noire, les autres se rapprochent de la couleur de celles du dessous. La femelle est semblable au mâle, mais les couleurs sont moins métalliques.

Cet oiseau est très-abondant au Mexique, surtout aux environs de Mexico, Puebla, Oaxaca.

Il émigre au Guatemala pendant l'hiver.

Avec le *cyanopogon* et le *platycercus*, il est très-recherché par les dames mexicaines, à cause de l'éclat métallique de ses plumes, pour faire des tableaux en plumes.

Heliomaster pallidiceps, GOULD.

Habit. Mexique et Guatemala.

Bec long, noir. Gorge rouge violet, à reflets métalliques. Poitrine et ventre gris. Flancs vert doré. Calotte bleue d'acier. Dos vert doré. Queue vert bronzé, avec l'extrémité de chaque plume noire, hormis les externes, qui sont terminées par une tache blanche.

La femelle ressemble tout à fait au mâle, mais elle n'a pas de couleur métallique ; elle a un peu de noir à la gorge.

Cet oiseau aime à se percher sur les arbres dénudés de leurs feuilles. Il adopte une petite branche sèche, bien en évidence, et de là il fait une chasse active aux insectes ainsi qu'aux autres Trochilidés qui passent près son poste.

Cette façon de choisir une branche bien en évidence pour chasser les insectes rapproche complétement ces Oiseaux, comme mœurs au moins, des *Tyrannidae* (*Gobe-Mouches*), qui ont tous la même habitude. Quand ils ont adopté une branche ils ne l'abandonnent pas. Pendant des jours et même des mois entiers on peut les voir en vedette à la même place. Ils ne la quittent que pour prendre leur nourriture ou pour poursuivre un importun. Si pendant l'absence de l'un de ces oiseaux, un autre Trochilidé est venu se poser sur le même arbre, le premier possesseur lui fait une guerre à mort jusqu'à ce qu'il déguerpisse de l'endroit usurpé ; si, au contraire, c'est l'intrus qui est victorieux, l'autre est obligé de chercher un autre gîte.

Pendant leur combat, ils s'envolent à une hauteur prodigieuse, puis redescendent presque rez terre, remontent jusqu'à ce qu'enfin l'un des deux soit victorieux et l'autre en fuite.

Pendant mon séjour à Tospam, près Cordoba, avec mon ami, M. Auguste Sallé, nous avons tué un certain nombre de ces oiseaux à quelques mètres de notre habitation.

Heliomaster Leocadiae, Bourc.

Habit. Mexico.

N'est peut-être qu'une variété du *Constant* ou le *Constant* lui-même.

Pyrrophaena ocai, Gould.

Habit. Mexico.

Leucodora Norrisii, Bourc.

Habit. Bolanos (Mexique).

Chlorolampis auriceps, GOULD.

Habit. Mexico?

Chlorolampis Caniveti, LESS.

Habit. Mexico et Guatemala.

Bec couleur de chair, avec l'extrémité noire. Gorge, poitrine, abdomen d'un vert émeraude brillant. Dos vert doré. Queue noire. La femelle est grise en dessous et vert doré en dessus.

Ce magnifique oiseau est assez rare au Mexique. Je l'ai tué au printemps à Cordoba et durant le mois d'octobre à San-Andres Tuxtla. Je ne l'ai jamais vu au Mexique sur le versant du Pacifique. L'espèce portant le nom de *Salvini* pourrait bien n'être qu'une variété locale de celle-ci. Il est tout à fait impossible de les distinguer l'une de l'autre.

Quand le soleil donne en plein sur ce charmant oiseau, le reflet produit par la lumière sur la couleur éclatante de son plumage éblouit complétement l'œil.

Il niche au Mexique.

LISTE GÉNÉRALE

DES

TROCHILIDÉS DU MEXIQUE

Phaetorni longirostris, DELATTRE.
    (Cephalus, BOURC. et MULS.)
Pygmornis Adolphi (SALLÉ), GOULD.
Sphenoproctus curvipennis, LICHT.
Campylopterus Delattrei, LESSON.
Coeligena Henrici, LESSON.
Phaeoptila sordida, GOULD.
    — zonura, GOULD.
Cyanomya violiceps, GOULD.
    — quadricolor, VIEILL.
    — cyanocephala, LESSON.
Leucolia viridifrons, ELLIOT.
    — candida, BOURC. et MULS.
Epherusa eximia, DELATT.
    — poliocerca, ELLIOT.
Errana cinnamomea, LESSON.
    — Graysoni, LAWRENCE.
Amazilia yucatanensis, CABOT.
    — cerviniventris.
Pyrrhophaena Ocai, GOULD.
    — beryllina, LICHT.
Leucodora Norrisi, BOURC.
Ariana Riefferi, BOURC.
Heliopaedica xanthus, LAWR.
    — melanotis, SWAINS.
Circe Doubledeayi, BOURC.
— latirostris, SWAINS.

Circe magica, MULS. et VERR.
Chlorolampis auriceps, GOULD.
    — Caniveti, LESSON.
Chlorostilbon insularis, LAWR.
Petasophora thalassina, SWAINS.
Florisuga mellivora, LINN.
Eugenes fulgens, Sw.
Clytolaema Rhami, LESS.
Heliomaster pallidiceps, GOULD.
    — constanti? DELATT.
    — Leocadiae, GOULD.
Baucis Abeillei, DELAT. et LESSON.
Paphosia Helenae, DELATT.
Tilmatura Duponti, LESSON.
Loddigesia? n. sp.?
Amathusia Elizae, LESS.
Calothorax pulcher, GOULD.
    — cyanopogon, Sw.
Calypte Annae, LESS.
Stellura Calliope, GOULD.
Serapis Costae, BOURC.
Ormismya colubris, LINN.
    — Alexandri, BOURC. et MULS.
Athis Heloisae, LESS. et DELATT.
Selasphorus rufus, GMEL.
    — platycercus, Sw.

ERRATA

DE MES PREMIÈRES NOTES

Présentées à la Société linnéenne de Lyon le 10 février 1873 et séances suivantes.

Page 8, au lieu de Atlisca, lisez : Atlixco.
Page 10,   —   *Lampornis Henrici*, lisez : *Cœligena Henrici*.
Page 11, ligne 6, au lieu de *Abeiltei*, lisez : *Abeillei*.
Page 12,   —   3   —   *Amilia*, lisez : *Amazilia*.
  —   —   10   —   *Oryzaba*, lisez : *orizaba*.
  —   —   20 et 22, au lieu de *Chuiantla*, lisez : *Chinantla*.

DESCRIPTION

D'UNE

ESPÈCE NOUVELLE DE BRÉVIPENNES

PAR

MM. E. MULSANT ET CL. REY

Présentée à la Société linnéenne de Lyon le 11 janvier 1875.

Cylindrogaster exilis, Mulsant et Rey.

Allongé, très-étroit, linéaire, d'un roux testacé brillant. Tête subcarrée, avec deux sillons arqués. Prothorax brusquement rétréci en arrière, longitudinalement bissillonné. Élytres très-courtes. Abdomen convexe, subcylindrique.

Long., 0ᵐ,001.

Corps allongé, très-étroit, linéaire, assez convexe, d'un roux testacé brillant, glabre.

Tête grande, subcarrée, de la largeur du prothorax, glabre, lisse, d'un roux testacé brillant. *Front* faiblement convexe, très-large, creusé sur son milieu de deux sillons arqués en dehors, en forme de *C* se regardant. *Parties de la bouche* d'un roux de poix testacé.

Yeux lisses ou nuls.

Antennes très-courtes, de la longueur de la tête, testacées : à premier article renflé, suboblong : le deuxième à peine moins épais, mais plus court, subglobuleux : les suivants très-petits : les quatre ou cinq derniers formant ensemble une massue oblongue, graduée quoique assez épaisse :

"

le dernier mousse au bout, un peu plus grand que les pénultièmes : ceux-ci lenticulaires.

Prothorax oblong, largement tronqué au sommet, étroitement à la base ; subparallèle sur ses côtés, mais subitement rétréci en arrière dans son tiers ou quart postérieur ; aussi large en avant que la partie postérieure des élytres ; subconvexe ; d'un roux testacé brillant ; lisse ; creusé postérieurement, sur son disque, de deux sillons longitudinaux, profonds, subparallèles, remontant jusqu'au tiers antérieur.

Écusson à peine apparent.

Élytres très-courtes, de la longueur de la moitié du prothorax ; plus larges en arrière qu'en avant ; assez convexes, à suture peu distincte ; presque lisses ; d'un roux testacé brillant.

Abdomen très-allongé, de la largeur des élytres, sept fois plus prolongé que celles-ci ; sublinéaire, subcylindrique ; finement rebordé sur les côtés ; convexe sur le dos ; presque lisse ; d'un roux testacé brillant ; à cinq premiers segments subégaux, un peu plus longs, chacun, que les élytres : le sixième deux fois aussi long que le précédent, à peine atténué en arrière,

Dessous du corps convexe, d'un roux testacé brillant.

Pieds courts, grêles, testacés. *Cuisses,* surtout les antérieures, un peu renflées.

PATRIE. Cette espèce a été capturée sous les pierres enfoncées, dans les environs de Massane (Pyrénées-Orientales) par M. Mayet à qui la science doit déjà tant de découvertes microscopiques.

OBS. Elle est encore plus petite et plus grêle que le *Cylindrogaster Corsicus,* auquel elle ressemble un peu.

CATALOGUE

DES

OISEAUX-MOUCHES

OU COLIBRIS

PAR

M. E. MULSANT

————— · ———— ⟶◇⟶ — · · ————— ·

Première Tribu : les TROCHILIENS

PREMIÈRE DIVISION

PREMIÈRE BRANCHE : LES GRYPAIRES

Genre *Eutoxeres*, REICHENBACH.

    aquila, BOURCIER. — Équateur, Colombie, Nouvelle-Grenade, Guatemala, Costa-Rica.

    Condamini, BOURCIER. — Équateur.

Genre *Grypus*, SPIX.

    (Sous-genre *Androdon*.)

    aequatorialis, GOULD. — Équateur.

    (Sous-genre *Grypus*.)

    naevius, DUMONT. — Brésil.

    Spixi, GOULD. — Brésil.

Genre *Glaucis*, BOIÉ.

    (Sous-genre *Glaucis*.)

    hirsutus, GMELIN. — De Panama au Brésil.

Var. *Mazeppa*, LESSON. — Panama , Nouvelle-Grenade , Cayenne, Tabago, la Trinité, Brésil.

Var. *aeneus*, LAWRENCE. — Costa-Rica.

Var. *lanceolatus*, GOULD. — Para (Brésil.)

Var. *affinis*, LAWRENCE. — Équateur.

Var. *melanura*, GOULD. — Bords du Napo, du Rio Negro.

Dohrni, BOURCIER et MULSANT. — Brésil.

Antoniae, BOURCIER et MULSANT. — Guyane.

Genre *Threnetes*, GOULD.

Ruckeri, BOURCIER. — Équateur, Nouvelle-Grenade , Costa-Rica, Veragua.

Var. *Fraseri*, GOULD. — Équateur.

leucurus, LINNÉ. — Guyane, bords du Napo.

Var. *cervinicauda*, GOULD. — Guyane.

DEUXIÈME BRANCHE : LES PHAÉTORNAIRES

Genre *Phaetornis* , SWAINSON.

(Sous-genre *Toxoteuches*.)

Yaruqui, BOURCIER. — Équateur.

Guyi, LESSON. — Trinidad, Venezuela.

Var. *Emiliae*, BOURCIER et MULSANT. — Costa-Rica, Venezuela, Colombie.

(Sous-genre *Phaetornis*.)

superciliosus, LINNÉ. — Guyane, Amazone, Colombie, Équateur.

Var. *fraterculus*, GOULD.

Var. *consobrinus*, BOURCIER.

Var. *Moorei*, LAWRENCE.

Cephalus, BOURCIER et MULSANT. — Mexique, Amérique centrale, Colombie , Équateur occidental.

Var. *bolivianus*, GOULD. — Panama, Nicaragua, Nouvelle-Grenade, Guatemala.

syrmatophorus, GOULD. — Équateur, Pérou, Bolivie, Colombie.

hispidus, GOULD. — Amazone supérieur, Colombie.

(Sous-genre *Anisoterus*.)

Pretrei, LESSON et DELATTRE. — Brésil.

Augusti, BOURCIER et MULSANT. — Venezuela, Colombie, Vallée de la Magdalena.

(Sous-genre *Milornis*.)

squalidus (NATTERER) TEMMINCK. — Brésil.

Eurynome, LESSON. — Brésil.

anthophilus, BOURCIER et MULSANT. — Nouvelle-Grenade, Venezuela.

(Sous-genre *Ametornis*.)

Bourcieri, LESSON. — Amazone supérieur, Guyane.

Phillipii, BOURCIER et MULSANT. — Bolivie, Pérou.

Genre *Pygmornis* (BONAPARTE.)

(Sous-genre *Pygmornis*.)

Idaliae, BOURCIER et MULSANT. — Brésil.

longuemareus, LESSON. — La Guyane, la Trinité, Venezuela.

striigularis, GOULD. — Nouvelle-Grenade, Équateur.

(Sous-genre *Eremita*.)

griseogularis, GOULD. — La Nouvelle-Grenade.

Adolphi, (SALLÉ) GOULD. — Mexique, Amérique centrale, jusqu'à Panama.

pygmaeus, SPIX. — Brésil, Guyane.

nigricinctus, LAWRENCE. — Équateur orient., parties supérieures de l'Amazone, Pérou.

TROISIÈME BRANCHE : LES CAMPYLOPTÉRAIRES

Genre *Eupetomena*, GOULD.

macroura, GMELIN. — Guyane, Brésil, bords de l'Amazone.

Genre *Sphenoproctus*, CABANIS et HEINE.

pampa, LESSON. — Guatemala, Nouvelle-Grenade.

curvipennis, LICHTENTEIN. — Mexique.

Genre *Campylopterus*, SWAINSON.

largipennis (BUFFON), BODDAERT. — Guyane.

Var. *obscurus*, GOULD. — Bords de l'Amazone.
Var. *aequatorialis*, GOULD.

{ *ensipennis*, SWAINSON. — Tabago, Trinité, Venezuela.
{ *splendens* ♀ , LAWRENCE.
Delattrei, LESSON. — Mexique, Amérique centrale jusqu'à Veragua.
Villavicencii, BOURCIER. — Bords du Napo, Équateur oriental.
lazulus, VIEILLOT. — Venezuela, Colombie, Nouvelle-Grenade,
 Équateur.
rufus, LESSON. — Guatemala.
hyperythrus, CABANIS. — Guyane anglaise.

 (Sous-genre *Crinis*.)

calosoma, ELLIOT. — Nouvelle-Grenade.

Genre *Phaeochroa*, GOULD.

Cuvieri, DELATTRE et BOURCIER. — Venezuela, Nouvelle-Grenade,
 Panama, Costa-Rica.
Roberti, SALVIN. — Guatemala.

Genre *Aphantochroa*, GOULD.

cirrhochloris, VIEILLOT. — Brésil.
hyposticta, GOULD. — Équateur.

 (Sous-genre *Placophorus*.)

gularis, GOULD. — Amazone supérieur.

QUATRIÈME BRANCHE : LES LAMPORNAIRES

Genre *Lampornis*, SWAINSON.

veraguensis, GOULD. — Veragua, Porto-Rico.
gramineus, GMELIN. — Saint-Domingue, Trinité, Guyane, Brésil,
 Venezuela.
aurulentus, VIEILLOT. — Saint-Domingue, Saint-Thomas, Porto-
 Rico.

 Var. *virginalis*, GOULD. — Saint-Thomas.

mango, LINNÉ. — Brésil, Guyane, Antilles, bords de l'Amazone,
 Venezuela, Colombie et Panama.

Prevosti, Lesson. — Mexique, Amérique centrale jusqu'à Costa-Rica.
porphyrurus, Shaw. — La Jamaïque.

Genre *Chalybura*, Reichenbach.

    (Sous-genre *Methon*.)

caeruleiventris, Reichenbach. — Colombie.

    (Sous-genre *chalybura*.)

Buffoni, Lesson. — Nouvelle-Grenade, Venezula.
viridis, Vieillot. — Porto-Rico.
melanorrhoa, Salvin. — Costa-Rica, Veragua.
urochrysia, Gould. — Panama.

Genre *Hypuroptila*, Gould.

    Isaurae, Gould. — Costa-Rica, Veragua.

Genre *Sternoclyta*, Gould. ,

    cyaneipectus, Gould. — Venezuela.

Genre *Urochroa*, Gould.

    Bougueri, Bourcier. — Équateur.

Genre *Coeligena*, Lesson.

    (Sous-genre *Coeligena*.)

Clemenciae, Lesson. — Mexique.

    (Sous-genre *Himelia*.)

Henrici, Lesson et Delattre. — Mexique, Guatemala.
viridipallens, Bourcier et Mulsant. — Mexique, Guatemala.

Genre *Oreopyra*, Gould.

    leucaspis, Gould. — Volcan de Chiriqui.
    hemileuca, Salvin. — Costa-Rica.
    calolaema, Salvin. — Costa-Rica, Veragua.
    cinereicauda, Lawrence. — Costa-Rica.

CINQUIÈME BRANCHE : LES LEUCOLIAIRES

PREMIER RAMEAU : LEUCOLIATES

Genre *Doleromya* (BONAPARTE).

(Sous-genre *Doleromya*.)

fallax, BOURCIER et MULSANT. — Venezuela.

Var. *cervina*, GOULD.

(Sous-genre *Phaeoptila*.)

sordida, GOULD. — Mexique.

Var. *zonura*, GOULD. — Mexique.

Genre *Cyanomya* (BONAPARTE).

cyanicollis, GOULD. — Pérou.

violiceps, GOULD. — Mexico.

quadricolor, VIEILLOT. — Mexico.

Franciae, BOURCIER et MULSANT. — Mexique, Guatemala, Colombie.

cyanocephala, LESSON. — Mexique, Guatemala.

Var. *Faustinae*, BOURCIER.

guatemalensis, GOULD. — Guatemala.

Genre *Leucolia*, MULSANT et VERREAUX.

viridifrons, ELLIOT. — Mexique.

Milleri (LODDIGES), BOURCIER. — La Nouvelle-Grenade, la Colombie.

niveipectus, CABANIS et HEINE. — Trinité, Guyane, Venezuela.

viridiceps, GOULD. — Équateur.

leucogaster, GMELIN. — Le nord du Brésil, Guyane, bords de l'Amazone.

candida, BOURCIER et MULSANT. — Mexique. Amérique centrale, Nicaragua.

Genre *Thaumatias* (BONAPARTE).

nitidifrons, GOULD. — ?

caeruleiceps, GOULD. — Nouvelle-Grenade.

Luciae, LAWRENCE. — Honduras.

brevirostris, LESSON. — Brésil.

compsa, HEINE (an *brevirostris*, var. ?). — Brésil.

albiventris, VEUILLOT. — Brésil.

Linnaei, GOULD. — Amazone, Guyane, Trinité, Venezuela.

> Var. *malvina*, REICHENBACH. — Trinité, Guyane, nord du Brésil, bords de l'Amazone, Venezuela.

maculicauda, GOULD. — Nord du Brésil, Guyane.

apicalis, GOULD. — Nouvelle-Bretagne.

terpna, HEINE. — Bogota.

fluviatilis, GOULD. — Parties supérieures de l'Amazone, bords du Napo.

Bartletti, GOULD. — Bords de l'Ucayali, parties supérieures de l'Amazone.

Genre *Leucippus* (BONAPARTE).

chlorocercus, GOULD. — Parties supérieures de l'Amazone.

chionogaster, TSCHUDI. — Bolivie, Pérou.

pallidus, TACZANOWSKI. — Pérou central.

Genre *Leucochloris* (REICHENBACH).

albicollis, VIEILLOT. — Brésil.

Genre *Elvira*, MULSANT et VERREAUX.

hemileucura, GOULD. — Équateur.

chionura, GOULD. — Veragua, Panama.

caeruleiceps, LAWRENCE. — Costa-Rica.

Genre *Euphrerusa*, GOULD.

(Sous-genre *Clotho*.)

nigriventris, LAWRENCE. — Costa-Rica.

(Sous-genre *Eupherusa*.)

poliocerca, ELLIOT.— Mexique.

eximia, DELATTRE. — Guatemala.

egregia, SCLATER et SALVIN. — Costa-Rica, Veragua.

Genre *Chrysobronchus* (BONAPARTE).

virescens, DUMONT. — Trinité, Brésil, Venezuela.

viridissimus, Vieillot. — Guyane, Venezuela.
leucorrhous (Sclater et Salvin), Gould. — Amazone supérieur.

DEUXIÈME RAMEAU : AMAZILIATES

Genre *Amazilia*, Reichenbach.

(Sous-genre *Eranna*.)

cinnamomea, Lesson. — Costa-Rica, Guatemala.
Graysoni, Lawrence. — Ile des Trois-Maries.

(Sous-genre *Amazilia*.)

Dumerili, Lesson. — Équateur.
alticola, Gould. — Équateur.
leucophaea, Reichenbach. — Pérou.
Lessoni, Mulsant et Verreaux. — Pérou et Équateur.
yucatanensis, Cabot. — Yucatan, Mexique méridional et oriental.
cerviniventris, Gould. — Mexique.

Genre *Pyrrophaena*, Cabanis et Heine.

iodura (Saucerotte) Cabanis et Heine. — Colombie.
castaneiventris, Gould. — Colombie.
Ocai, Gould. — Mexique méridional.
beryllina, Lichtenstein. — Mexique.
Devillei, Bourcier et Mulsant. — Guatemala.
cyanura, Gould. — Nicaragua, Guatemala.

Genre *Leucodora*, Mulsant.

(Sous-genre *Hemistilbon*.)

Norrisi, Bourcier. — Équateur, Bolanos (Mexique).

(Sous-genre *Leucodora*.)

Edwardi, Delattre et Bourcier. — Panama, Costa-Rica, Veragua.
niveiventris, Gould. — Veragua, Panama.

Genre *Ariana*, Mulsant et Verreaux.

(Sous-genre *Ariana*.)

Riefferi, Bourcier et Mulsant. — Amérique centrale, Équateur·

Var. *jucunda*, Heine.
Var. *suavis*, Cabanis et Heine.

Var. *Aglaiae*, Bourcier et Mulsant.

viridigaster, Bourcier et Mulsant. — Colombie.

(Sous-genre *Erythronota*.)

erythronota, Lesson. — Tabago, Trinité, Venezuela.
Feliciae, Lesson. — Venezuela, Brésil septentrional.

(Sous-genre *Lisoria*).

Warszewiczi, Cabanis et Heine. — Veragua, Nouvelle-Grenade.
Sophiae, Bourcier et Mulsant. — Costa-Rica, Veragua.

Var. *caligata*, Cabanis et Heine. — Nouvelle-Grenade.

Saucerottei, Delattre. — Colombie.

(Sous-genre *Hemithylaca*).

cyanifrons, Bourcier et Mulsant. — Colombie.

Genre *Aithurus*, Cabanis et Heine.

polytmus, Linné. — Jamaïque.

TROISIÈME RAMEAU : HYLOCHARATES

Genre *Heliopaedica*, Gould.

Xanthusi, Lawrence. — Mexique.
leucotis, Vieillot. — Mexique, Guatemala.

Genre *Chrysuronia* (Bonaparte).

chrysura, Lesson. — Brésil méridional, Paraguay, République
argentine.
Oenone, Lesson. — Venezuela, Colombie.
Josephinae, Bourcier et Mulsant. — Amazone supérieur.

Var. *necra*, Delattre et Lesson.

Eliciae, Bourcier et Mulsant. — Guatemala, Amérique centrale.
Humboldti, Bourcier et Mulsant. — Équateur.

Genre *Hylocharis*, Boié.

sapphirina, Gmelin. — Brésil, bords de l'Amazone.
cyanea, Vieillot. — Brésil.
lactea, Lesson. — Brésil.

Genre *Panterpe*, Cabanis et Heine.

  insignis, Cabanis et Heine. — Costa-Rica, Chiriqui.

Genre *Eucephala* (Reichenbach).

  chlorocephala (Bourcier), Gould. — Équateur.
  caerulea, Vieillot. — Trinité, Guyane, Venezuela, bords de l'Ama-
    zone.
  scapulata, Gould. — Guyane.
  subcaerulea, Elliot. — Brésil?
  hypocyanea, Gould. — L'intérieur de la Guyane.
  caeruleo-lavata, Gould. — Brésil.

Genre *Ulysses*, Mulsant et Verreaux.

  Grayi, Delattre et Bourcier. — Équateur.

Genre *Circe*, Gould.

  Doubledeayi, Bourcier. — Mexique.

  latirostris, Swainson. — Mexique.
  magica, Mulsant et J. Verreaux. — Basse-Californie.

Genre *Polyerata*, Heine.

  amabilis, Gould. — Costa-Rica, Nouvelle-Grenade, Colombie,
    Équateur.

Genre *Damophila* (Reichenbach).

  Juliae, Bourcier. — Panama, Colombie, Équateur.
  Feliciana, Lesson. — Équateur.

QUATRIÈME RAMEAU : CHLOROLAMPATES

Genre *Emilia*, Mulsant et Verreaux.

  Goudoti, Bourcier et Mulsant. — Colombie.
  luminosa, Lawrence. — Nouvelle-Grenade.

Genre *Lepidopyga* (Reichenbach).

  caeruleogularis, Gould. — Amérique centrale, Veragua.

Genre *Sporadinus* (Bonaparte).

(Sous-genre *Sporadinus*.)

elegans, AUDEBERT et VIEILLOT. — Saint-Domingue.
Ricordi, GERVAIS. — Cuba.
incertus (*elegans*), GOULD. — ?

(Sous-genre *Marsyas*.)

Maugaei, VIEILLOT. — Porto-Rico.

Genre *Chlorolampis*, CABANIS et HEINE.

auriceps, GOULD. — Mexique.
Caniveti, LESSON. — Mexique.

Var. *Osberti*, GOULD.
Var. *Salvini*, CABANIS et HEINE.

Genre *Smaragdochrysis*, GOULD.

iridescens, GOULD. — Brésil.

Genre *Ptochoptera*, ELLIOT.

iolaema (NATTERER) PELZELN. — Brésil.

Genre *Chlorostilbon*, GOULD.

splendidus, VIEILLOT. — Bolivie, République argentine, Chili, Pérou.
Phaëton, BOURCIER et MULSANT.

Var. *flavifrons*, GOULD.

Pucherani, BOURCIER et MULSANT. — Brésil.

Var. *igneus*, GOULD.
Var.? *egregius*, HEINE.

Haeberlini, REICHENBACH. — Colombie, Venezuela, Panama.

Var. *nitens*, LAWRENCE.

insularis, LAWRENCE. — Ile des Trois-Maries (Mexique).

Genre *Chrysomirus*, MULSANT.

angustipennis, FRASER. — Équateur, Colombie.
chrysogaster, BOURCIER et MULSANT. — Venezuela, Panama.

Var. *phaeopygus*, TSCHUDI.
Var. *smaragdinus*, CABANIS et HEINE.

Var. *pumilus*, GOULD.

Atala, LESSON. — Trinité, Guyane.

Var. *caribaeus*, LAWRENCE.

Prasinus, LESSON.— Brésil, Guyane, Venezuela, Vallée de l'Amazone, Pérou.

Var. *brevicaudatus*, GOULD. — Cayenne.
Var. *napensis*, GOULD. — Bords du Napo.
Var. *peruanus*, GOULD. — Pérou.
Var. *daphne*, BOURCIER et MULSANT. —Pampas del Sacramento.
Var. *igneus*, GOULD. — Pérou.

CINQUIÈME RAMEAU : PANICHLORATES

Genre *Panychlora*, CABANIS et HEINE.

Poortmanni, BOURCIER et MULSANT. — Nouvelle-Grenade.

Var.? *euchloris*, REICHENBACH.
Var.? *aurata*, HEINE. — Pérou.

Aliciae, BOURCIER et MULSANT. — Venezuela, Colombie.
stenura, CABANIS et HEINE. — Nouvelle-Grenade, Venezuela.

DEUXIÈME DIVISION

PREMIÈRE SECTION

PREMIÈRE BRANCHE : LES TROCHILAIRES

Genre *Trochilus*, LINNÉ.

pella, LINNÉ. — Guyane, nord du Brésil, Vallée de l'Amazone.
pyra, GOULD. — Guyane, bords du Rio-Negro.

DEUXIÈME BRANCHE : LES EULAMPAIRES

Genre *Eulampis*, BOIÉ.

iugularis, LINNÉ. — Petites-Antilles.

(Sous-genre *Sericotes*.)

holosericeus, Linné. — Petites-Antilles.

TROISIÈME BRANCHE : LES IOLÉMAIRES

Genre *Iolaema*, Gould.

Schreibersi (Loddiges), Bourcier. — Équateur, bords du Rio-
    Negro et des parties supérieures de l'Amazone.
frontalis, Lawrence.

Whitelyana, Gould. — Pérou.

QUATRIÈME BRANCHE : LES PÉTASOPHORAIRES

Genre *Petasophora*, G. R. Gray.

anais, Lesson. — Venezuela, Colombie, Équateur, Pérou.

    Var. *iolata*, Gould.
    Var. *corruscans*, Gould.

thalassima, Swainson. — Mexique, Guatemala.
cyanotis, Bourcier et Mulsant. — Costa-Rica, Veragua, Nouvelle-
    Grenade, Équateur.
serrirostris, Vieillot. — Brésil.
Delphinae, Lesson. — Guatemala (Amérique centrale).

CINQUIÈME BRANCHE : LES OROTROCHILAIRES

Genre *Orotrochilus*, Cabanis et Heine.

Pichinchae, Bourcier et Mulsant. — Équateur.
chimborazi, Bourcier. — Équateur.
Estellae, Lafresnaye et d'Orbigny. — Bolivie.
leucopleurus, Gould. — Chili.
Adelae, Lafresnaye et d'Orbigny. — Bolivie.
melanogaster, Gould. — Pérou.

SIXIÈME BRANCHE : LES FLORISUGAIRES

Genre *Florisuga* (BONAPARTE).

mellivora, LINNÉ. — Guatemala, Nouvelle-Grenade, vallée de l'Amazone, Trinité, Tabago, Brésil.

Var. *flabellifera*, GOULD.

fusca, VIEILLOT. — Brésil.

SEPTIÈME BRANCHE : LES EUCLOSIAIRES

Genre *Euclosia*, MULSANT et VERREAUX.

Lafresnayi, BOISSONNEAU. — Colombie.
Gayi, BOURCIER et MULSANT. — Venezuela.

Var. *Saulae*, BOURCIER.

DEUXIÈME SECTION. — PREMIÈRE FRACTION. — PREMIER GROUPE

PREMIÈRE BRANCHE : LES PATAGONAIRES

Genre *Patagona*, G. R. GRAY.

Gigas, VIEILLOT. — Chili, Bolivie, Pérou, Équateur.

DEUXIÈME BRANCHE : LES HÉLIODOXAIRES

Genre *Eugenia*, GOULD.

imperatrix, GOULD. — Équateur.

Genre *Lampraster*, TACZANOWSKI.

Branickii, TACZANOWSKI. — Pérou.

Genre *Heliodoxa*, GOULD.

jacula, GOULD. — Nouvelle-Grenade, Veragua, Costa-Rica.
Jamesoni, BOURCIER. — Équateur.

Var. *Henryi*, LAWRENCE. Costa-Rica.

Genre *Hypolia*, MULSANT.

Otero, TSCHUDI. — Bolivie, Pérou.
splendens, GOULD. — Venezuela.
Leadbeateri, BOURCIER et MULSANT. — Nouvelle-Grenade.

Genre *Eugenes*, GOULD.

fulgens, SWAINSON. — Mexique, Guatemala.
spectabilis, LAWRENCE. — Costa-Rica.

TROISIÈME BRANCHE : LES CLYTOLÉMAIRES

Genre *Lamprolaema*, REICHENBACH.
Rhami, LESSON. — Mexique, Guatemala.

Genre *Phaeolaema*, REICHENBACH.

rubinoides, BOURCIER et MULSANT. — Colombie.
aequatorialis, GOULD. — Équateur.

Genre *Clytolaema*, GOULD.

(Sous-genre *Polyplancta.*)

aurescens, GOULD. — Bords du Rio-Negro, parties supérieures de l'Amazone.

(Sous-genre *Clytomena.*)

rubinea, GMELIN. — Brésil.

(Sous-genre *Alosia*, MULSANT.)

Matthewsi (LODDIGES), BOURCIER. — Parties orientales de l'Équateur.

Genre *Panoplites*, GOULD.

Jardinei, BOURCIER. — Équateur.
flavescens, BOURCIER. — Équateur, Nouvelle-Grenade.

DEUXIÈME SECTION. — PREMIÈRE FRACTION. — DEUXIÈME GROUPE

QUATRIÈME BRANCHE : LES HÉLIOTRIXAIRES

Genre *Heliothrix*, BOIÉ.

    auritus, GMELIN. — Nord du Brésil, Guyanes, Venezuela, bords de l'Amazone.

    auriculatus, LICHTENSTEIN. — Brésil.

        Var. *longirostris*, GOULD.
        Var. *phainoleuca*, HARTLAUB. — Bords du Rio-Negro.
        Var. *phainolaema*, GOULD.

    Barroti, BOURCIER et MULSANT. — Guatemala, Costa-Rica, Nouvelle-Grenade, Équateur.

        Var. *purpureiceps*, GOULD.
        Var. *violifrons*, GOULD.

DEUXIÈME SECTION. — PREMIÈRE FRACTION. — TROISIÈME GROUPE

CINQUIÈME BRANCHE : LES CHRYSOLAMPAIRES

Genre *Eustephanus*, REICHENBACH.

    Galeritus, MOLINA. — Chili, île Juan Fernandez.
    Fernandensis, KING. — Ile Juan Fernandez.
    Leyboldi, GOULD. — Ile Massafuera.

Genre *Chrysolampis*, BOIÉ.

    Moschitus, LINNÉ. — Trinité, Brésil, vallée de l'Amazone, Venezuela.
    Chlorolaema, ELLIOT. — Nouvelle-Grenade ?

SIXIÈME BRANCHE : LES AVOCETTINAIRES

Genre *Avocettula*, REICHENBACH.

    recurvirostris, SWAINSON. — Guyanes.

Genre *Avocettinus* (BONAPARTE).

    eurypterus, LODDIGES. — Colombie.

SEPTIÈME BRANCHE : LES CALLIPÉDIAIRES

Genre *Heliomaster* (BONAPARTE).

    Constanti, DELATTRE. — Guatemala, Costa-Rica.

    albicrissa, GOULD. — Équateur.

    pallidiceps, GOULD. — Mexique, Guatemala, Nicaragua.

    Leocadiae, BOURCIER et MULSANT. — Mexique.

    longirostris, VIEILLOT. — Trinité, Guyane, vallée de l'Amazone,
Venezuela, Nouvelle-Grenade, Amérique centrale jusqu'à
Costa-Rica.

    Var. *Stuartae*, LAWRENCE.

    Var. *Sclateri*, CABANIS.

Genre *Lepidolarynx*, REICHENBACH.

    mesoleucus, TEMMINCK. — Brésil.

Genre *Callipedia*, REICHENBACH.

    { *Regis*, SCHREIBERS. — Paraguay, Brésil méridional.
    { *Angelae*, LESSON.

PREMIÈRE BRANCHE : LES DOCIMASTAIRES

Genre *Docimastes*, GOULD.

    ensifer, BOISSONNEAU. — Colombie, Équateur, Pérou.

    Var. *Schliephackei*, HEINE.

DEUXIÈME BRANCHE : LES DIPHLOGÉNAIRES

Genre *Pterophanes*, GOULD.
    Temmincki, BOISSONNEAU. — Colombie, Équateur, Pérou.
Genre *Helianthea*, GOULD.

    porphyrogaster (LICHTENSTEIN). — Nouvelle-Grenade.
    Bonapartei, BOISSONNEAU. — Nouvelle-Grenade.

Genre *Diphlogena*, GOULD.

    iris, GOULD. — Bolivie.
    hesperus, GOULD. — Bolivie, Équateur.
    aurora, GOULD. — Bolivie, Pérou.

Genre *Calligenia*, MULSANT.

    Lutetiae, DELATTRE et BOURCIER. — Équateur.
    osculans, GOULD. — Pérou.
    dicroura (JELSKI), TACZANOWSKI. — Pérou.
    eos, GRAY et MITCHELL. — Venezuela.
    violifera, GOULD. — Bolivie.

Genre *Homophania*, REICHENBACH.

    torquata, BOISSONNEAU. — Colombie.
    fulgidigula, GOULD. — Équateur.
    Conradi (LODDIGES), BOURCIER. — Venezuela.
    inca, GOULD. — Bolivie, Pérou.

Genre *Eudosia*, MULSANT.

    Traviesi, MULSANT et VERREAUX.
    Prunelli, BOURCIER et MULSANT. — Nouvelle-Grenade.
    Wilsoni, DELATTRE et BOURCIER. — Équateur.

        Var. *purpurea*, REICHENBACH. — Pérou.

Genre *Lampropygia*, REICHENBACH.

    cœligena, LESSON. — Colombie.
    boliviana, GOULD. — Bolivie, Venezuela.

DEUXIÈME SECTION. — TROISIÈME FRACTION

PREMIÈRE BRANCHE : LES DORYFÉRAIRES

Genre *Doryfera,* GOULD.

> *Johannae,* BOURCIER. — Colombie.
> *Euphrosinae,* MULSANT et VERREAUX. — Nouvelle-Grenade.
> *veraguensis,* SALVIN. — Costa-Rica, Véragua.
> *Ludovicae,* BOURCIER et MULSANT. — Nouvelle-Grenade.
> *rectirostris,* GOULD. — Équateur.

DEUXIÈME BRANCHE : LES ÉRIOCNÉMAIRES

Genre *Saturia,* MULSANT.

> *Isaacsoni,* PAZUDAKI. — Nouvelle-Grenade.

Genre *Eriocnemis,* REICHENBACH.

> (Sous-genre *Niche.*)

> *D'Orbignyi,* BOURCIER. — Équateur, Pérou, Bolivie.
> (Sous-genre *Engyete.*)

> *Alinae,* BOURCIER. — Colombie.

> (Sous-genre *Eriocnemis.*)

> *vestita,* LONGUEMARRE. — Colombie, Venezuela.
> *smaragdinipectus,* GOULD.
> *Godini,* BOURCIER. — Équateur.
> *sapphiropyga,* TACZANOWSKI. — Pérou.
> *nigrivestis,* BOURCIER et MULSANT. — Équateur.
> (Sous-genre *Nania.*)

> *cupreiventris,* FRASER. — Colombie.
> *Luciani,* BOURCIER et MULSANT. — Équateur.
> *mosquera,* BOURCIER et DELATTRE. — Colombie.
> *chrysorama,* ELLIOT. — Équateur.
> (Sous-genre *Threptria.*)

Aureliae, BOURCIER et MULSANT. — Colombie, Équateur.

russata. (au *Aureliae* var. ?) GOULD. — Équateur.

lugens, GOULD. — Équateur.

squamata, GOULD. — Équateur.

(Sous-genre *Pholoe*.)

Dyselia, ELLIOT. — Équateur.

(Sous-genre *Erebenna*.)

Dorbyana, DELATTRE et BOURCIER. — Colombie.

TROISIÈME BRANCHE : LES AGLÉACTAIRES

Genre *Aglaeactis*, GOULD.

cupreipennis, BOURCIER et MULSANT. — Nouvelle-Grenade, Équateur, Pérou.

Var. *olivaceo-cauda*, LAWRENCE.
Var. *aequatorialis*, GOULD.
Var. *parvula*, GOULD.

caumatonota, GOULD. — Pérou.

Castelnaudi, BOURCIER et MULSANT. — Pérou.

Pamela, LAFRESNAYE et d'ORBIGNY. — Bolivie.

QUATRIÈME BRANCHE : LES THALURANIAIRES

Genre *Hylonympha*, GOULD.

macroura, GOULD. — Brésil.

Genre *Thalurania*, GOULD.

hypochlora, GOULD. — Équateur.

glaucopis, GMELIN. — Brésil.

Luciae, LAWRENCE. — Iles des Trois-Maries.

Watertoni (LODDIGES), BOURCIER. — Guyane anglaise.

refulgens, GOULD. — Trinité.

columbica, BOURCIER et MULSANT. — Colombie, Venezuela, Costa-Rica.

Var. *venusta*, GOULD.

furcata, GMELIN. — Cayenne.
furcatoides, GOULD. — Amazone inférieur.

Var. *subfurcata*.

nigrofasciata, GOULD. — Équateur, Pérou.

Var. *Tschudii*, GOULD.
Var. *viridipectus*, GOULD.

jelskii, TACZANOWSKI. — Pérou.
eriphile, LESSON. — Brésil, vallée de l'Amazone.

Var. *verticcps*, GOULD.
Var. *Fanniae*, GOULD.

Wagleri, LESSON. — Brésil.

(Sous-genre *Timolia*.)

Lerchi, MULSANT et VERREAUX. — Colombie.

CINQUIÈME BRANCHE : LES HÉLIANGÉLAIRES

Genre *Heliangelus*, GOULD.

Clarissae, LONGUEMARE. — Colombie.
Strophianus, GOULD. — Équateur.
Spencei, BOURCIER. — Venezuela.
smaragdigularis, GOULD. — Colombie.

Genre *Peratus*, MULSANT.

amethysticollis, LAFRESNAYE et d'ORBIGNY. — Pérou.
mavors, GRAY et MITCH. — Colombie.

Genre *Helymus*, MULSANT.

micraster, GOULD. — Équateur.

Genre *Heliotrypha*, GOULD.

Parzudakii, LONGUEMARE. — Colombie et Équateur.
viola, GOULD. — Équateur.

SIXIÈME BRANCHE : LES UROSTICTAIRES

Genre *Urosticte*, GOULD.

Benjamini, BOURCIER. — Équateur.
rufocrissa, LAWRENCE. — Équateur.

SEPTIÈME BRANCHE : LES ADÉLOMYAIRES

Genre *Lavania*, MULSANT.

Hedwigae, TACZANOWSKI. — Pérou.

Genre *Urolampra*, CABANIS et HEINE.

cupreicauda, GOULD. — Bolivie.
aeneicauda, GOULD. — Bolivie.
primolina, BOURCIER. — Équateur.

Var.? *chloropogon*, CABANIS et HEINE.

Williami. BOURCIER et DELATTRE. — Colombie.

Genre *Metallura*, GOULD.

thyriantina, LODDIGES. — Venezuela, Colombie, Équateur.
smaragdinicollis, LAFRESNAYE d'ORBIGNY. — Bolivie, Pérou.

Genre *Anthocephala*, GOULD.

floriceps, GOULD. — Colombie

Genre *Adelomya* (BONAPARTE).

melanogenys, FRASER. — Venezuela, Colombie, Équateur, Pérou.
cervina, GOULD. — Colombie.
chlorospila, GOULD. — Équateur, Pérou.
inornata, GOULD. — Bolivie.

HUITIÈME BRANCHE : LES MICROCHÉRAIRES

Genre *Microchera*, GOULD.

albocoronata, LAWRENCE. — Nouvelle-Grenade,

pvrvirostris, LAWRENCE. — Costa-Rica, Nicaragua.

Genre *Klais*, REICHENBACH.

Guimeti, BOURCIER et MULSANT. — Venezuela, Colombie.

Var. *Meritti*, LAWRENCE.

Genre *Baucis*, REICHENBACH.

Abeillei, DELATTRE et LESSON. — Mexique, Amérique centrale, Nouvelle-Grenade.

NEUVIÈME BRANCHE : LES SCHISTAIRES

Genre *Augastes*, GOULD.

lumachellus, LESSON. — Brésil.
superbus, VIEILLOT. — Brésil.

Genre *Schistes*, GOULD.

personatus, GOULD. — Équateur.

Var. *albigularis*, GOULD.

Geoffroyi, BOURCIER et MULSANT. — Colombie.

Deuxième Tribu : les LOPHORNIENS

PREMIÈRE DIVISION

PREMIÈRE BRANCHE : LES EUPOGONAIRES

Genre *Ramphomicron*, BONAPARTE.

microrhynchus, BOISSONNEAU. — Colombie, Équateur.
Stanleyi, BOURCIER et MULSANT. — Équateur.

Var. *Vulcani*, REICHENBACH.

heteropogon, BOISSONNEAU. — Colombie.
olivaceus, LAWRENCE. — Bolivie.

Genre *Eupogonus*, MULSANT.

> *Herrani*, DELATTRE et BOURCIER. — Équateur. Colombie.
> *ruficeps*, GOULD. — Bolivie.

Genre *Oreonympha*, GOULD.

> *nobilis*, GOULD. — Pérou.

DEUXIÈME BRANCHE : LES OXYPOGONAIRES

Genre *Oxypogon*, GOULD.

> *Guerini*, BOISSONNEAU. — Colombie.
> *Lindeni*, PARZUDAKI. — Venezuela, Nouvelle-Grenade.

DEUXIÈME DIVISION

TROISIÈME BRANCHE : LES BELLONAIRES

Genre *Cephallepis*, LODDIGES.

> *Delalandii*, VIEILLOT. — Brésil méridional.
> *Loddigesi*, GOULD. — Brésil méridional.
> *Beskii*, PELZELN. — Brésil.

Genre *Bellona*, MULSANT.

> *cristata*, LINNÉ. — Ile Saint-Vincent, Barbade.
> *exilis*, GMELIN. — Petites-Antilles.

Genre *Telamon*, MULSANT.

> *Delattrei*, LESSON. — Amérique centrale.
> *regulus*, GOULD. — Colombie, Équateur, Pérou. Bolivie.
> *reginae*, SCHREIBERS. — Amazone.

Genre *Paphiosa*. — MULSANT.

> *Helenae*, DELATTRE. — Mexique, Guatemala et Nouvelle-Grenade.

QUATRIÈME BRANCHE : LES LOPHORNAIRES

Genre *Dialia*, MULSANT.

adorabilis, SALVIN. — Volcan de Chirigui.

Genre *Idas*, MULSANT.

magnificus, VIEILLOT. — Brésil.

Genre *Lophornis*, LESSON.

ornatus, LESSON. — Trinité, Guyane, nord du Brésil, Venezuela.
Gouldi, LESSON. — Équateur.

CINQUIÈME BRANCHE : POLÉMISTRIAIRES

Genre *Aurinia*, MULSANT.

Verreauxi, BOURCIER et MULSANT. — Parties supérieures de l'Amazone, Colombie.

Genre *Polemistria*, CABANIS et HEINE.
chalybaeus, VIEILLOT. — Brésil.

Troisième Tribu : les LESBIENS

PREMIÈRE BRANCHE : LES PRIMNACANTHAIRES

Genre *Tricholopha*.

Popelairii, DU BUS. — Colombie, Équateur.

Genre *Primnacantha*, CABANIS et HEINE.

Langsdorffi, VIEILLOT. — Brésil, parties supérieures de l'Amazone, bords du Napo.
Conversi, BOURCIER et MULSANT. — Équateur, Colombie, Veragua, Costa-Rica.

Genre *Mytinia*, MULSANT.

    laetitiae, BOURCIER et MULSANT. — Bolivie.

DEUXIÈME BRANCHE : LES PLATURAIRES

Genre *Tilmatura*.

    Duponti, LESSON. — Guatemala.

Genre *Platura*, LESSON.

    mirabilis (LODDIGES), BOURCIER. — Pérou.

Genre *Discura*, BONAPARTE.

    longicauda, GMELIN. — Brésil, Guyanes.

Genre *Steganura*.

    Underwoodi, LESSON. — Colombie, Venezuela.
    melananthera, JARDINE. — Équateur.
    solstitialis, GOULD. — Équateur.

Genre *Himalia*, MULSANT.

    peruana, GOULD. — Pérou.
    Addae, BOURCIER. — Bolivie.

Genre *Uralia*, MULSANT et VERREAUX.

    scissura, GOULD. — Pérou.

TROISIÈME BRANCHE : LES LESBIAIRES

Genre *Cynanthus*, SWAINSON.

    cyanurus, STEPHENS. — Colombie, Venezuela, Équateur.
        Var. *coelestis*, GOULD.
    mocoa, DELATTRE et BOURCIER. — Équateur.

Genre *Sapho*, LESSON.

    sparganurus, SHAW. — Bolivie, République argentine.

Phaon ,GOULD. — Bolivie, Pérou.

Genre *Lesbia*, LESSON.

    Amaryllis, BOURCIER et MULSANT. — Colombie, Équateur, Pérou.

      Var. *Victoriae*, BOURCIER et MULSANT.

    Eucharis, BOURCIER et MULSANT. — Colombie.

    nuna, LESSON. — Pérou.

    Gouldi, BOURCIER. — Colombie.

    gracilis, GOULD. — Équateur.

    Ortoni, LAWRENCE. — Équateur.

Genre *Cometes*, GOULD.

    glyceira, GOULD. — Nouvelle-Grenade.

    Caroli, BOURCIER. — Pérou.

Quatrième Tribu : les ORNYSMIENS

PREMIÈRE DIVISION

PREMIÈRE BRANCHE : LES HÉLIACTINAIRES

Genre *Heliactin*, BOIÉ.

    cornuta, PR. de WIED. — Brésil.

Genre *Thaumastura* (BONAPARTE).

    cora, LESSON. — Pérou occidental.

DEUXIÈME DIVISION

DEUXIÈME BRANCHE : LES AMALASIAIRES

Genre *Amalasia*, MULSANT.

    enicura, VIEILLOT. — Guatemala.

    Elizae, LESSON. — Mexique méridional.

Genre *Rhodopis*, REICHENBACH.

> *vesper*, LESSON. — Pérou occidental.
> *atacamensis*, GOULD. — Chili.

Genre *Calothorax*, G. R. GRAY.

> *lucifer*, SWAINSON. — Mexique.

Genre *Manilia*, MULSANT.

> *pulchra*, GOULD. — Chalchicomula, Oaxaca (Mexique).

Genre *Myrtis*, REICHENBACH.
> *Fannyae*, LESSON. — Pérou, Équateur.

TROISIÈME BRANCHE : LES DORICHAIRES

Genre *Doricha,* REICHENBACH.

> *Evelynae*, BOURCIER. — Ile de Bahama.
> *Briantae*, LAWRENCE. — Costa-Rica, Veragua.
> *lyrura*, GOULD. — Ile de Bahama.

QUATRIÈME BRANCHE : LES CALLIPHLOXAIRES

Genre *Calliphlox*.

> *amethystinus*, GMELIN. — Trinité, Cayenne, Brésil.

Genre *Philodice*. MULSANT.

> *Mitchelli*, BOURCIER. — Équateur, partie méridionale de la Nouvelle-Grenade.

CINQUIÈME BRANCHE : LES ORNISMYAIRES

Genre *Ornismya*, LESSON.

> *colubris*, LINNÉ. — New-York, la Caroline, le Mexique.
> (Sous-genre *Archilochus*.)

Alexandri, Bourcier et Mulsant. — La Californie, le nord du Mexique.

Genre *Leucaria*, Mulsant.
Costae, Bourcier. — Le Mexique, la Californie méridionale.

SIXIÈME BRANCHE : LES CALYPTAIRES

Genre *Calypte*, Gould.

Annae, Lesson. — Mexique, Californie.
Helenae, Lambeye. — Cuba.

Genre *Stellura*, Gould.

Calliope, Gould. — Mexique, Californie.

SEPTIÈME BRANCHE ; LES MELLISUGAIRES

Genre *Mellisuga*, Brisson.

minima, Linné. — Jamaïque, Saint-Domingue.

HUITIÈME BRANCHE : LES SÉLASPHORAIRES

Genre *Atthis*, Reichenbach.

Heloisae, Lesson et Delattre. — Cordova, Oaxaca (Mexique), Guatemala (Amérique centrale.)

Genre *Selasphorus*, Swainson.

platycercus, Swainson. — Mexique, Guatemala.
flammula, Salvin. — Costa-Rica, Veragua.
torridus, Salvin. — Veragua.
Floresii, Gould. — Mexique.
ardens, Salvin. — Veragua.
scintilla, Gould. — Costa-Rica, Veragua.
rufus, Gmelin. — Mexique, Californie.

NEUVIÈME BRANCHE : LES ACESTURAIRES

Genre *Eudosia*, MULSANT.

    Yarelli, BOURCIER. — Bolivie, Pérou oriental.

Genre *Myrmia*, MULSANT.

    micrura, GOULD. — Bolivie.

Genre *acestura*, GOULD.

    Mulsanti, BOURCIER. — Colombie, Équateur, Pérou.
    Heliodori, BOURCIER. — Venezuela, Colombie.

Genre *Chaetocercus*, G.-R. GRAY.

    Jourdani, BOURCIER. — Trinité.
    Rosae, BOURCIER et MULSANT. — Venezuela.
    bombus, GOULD. — Équateur.

DESCRIPTION

D'UNE ESPÈCE NOUVELLE

DE

COLÉOPTÈRES LATIGÈNES

SERVANT A FORMER UN GENRE NOUVEAU

PAR

MM. E. MULSANT ET A. GODART

Présentée à la Société linnéenne de Lyon le 12 avril 1875.

Genre *Teles*, Télès, Mulsant et Godart.

Caractères. *Menton* rétréci d'avant en arrière ; faiblement échancré en arc en devant. *Antennes* prolongées un peu moins que les angles postérieurs du prothorax ; de onze articles : les cinq derniers moniliformes, grossissant graduellement vers l'extrémité. *Mandibules* peu saillantes dans l'état de repos ; cornées, légèrement bifides à l'extrémité. *Mâchoires* à deux lobes : l'interne plus petit. *Palpes maxillaires* allongés, à dernier article cupiforme. *Palpes labiaux* courts. *Yeux* entamés par le canthus des joues, au moins jusqu'à la moitié. *Prothorax* tronqué en devant, aussi long qu'il est large en avant, un peu plus long qu'il est large en arrière. *Écusson* court, transverse. *Élytres* subparallèles sur la majeure partie médiaire de leur longueur. *Repli du prothorax* à bord interne en ligne longitudinale droite jusques après les hanches de devant. *Repli des élytres* prolongé jusqu'à l'angle sutural. *Prosternum* saillant entre les hanches antérieures. *Mésosternum* tronqué en devant entre les hanches intermédiaires. *Partie antéro-médiaire* du premier arceau ventral plus largement tronquée entre les hanches postérieures. *Ventre* de cinq arceaux : les trois premiers presque soudés et graduellement moins longs : le quatrième le plus court. *Pieds* peu allongés. *Cuisses* épaissies ou renflées. *Tibias antérieurs* un peu incourbés : dernier article des tarses postérieurs moins long que les trois précédents réunis.

Obs. Ce genre se rapproche de celui de *Calcar*. Il s'en distingue par les différences que présentent les articles de ses antennes ; par son labre court ; par le bord antérieur de sa tête échancré en cœur à son bord antérieur ; par ses yeux très-distants du bord antérieur du prothorax ; par le repli du prothorax prolongé en ligne longitudinale droite jusqu'après les hanches de devant ; par son métasternum tronqué en devant ; par le dernier article de ses tarses postérieurs moins long que les trois précédents réunis.

Tales Eutymi, Mulsant et Godart.

Corps allongé, peu convexe, noir ou d'un noir brun, en dessus. *Tête* à peu près aussi large que longue, offrant au devant des yeux sa plus grande largeur, un peu rétrécie en ligne presque droite, après ces organes ; échancrée au milieu de son bord antérieur, avec les côtés de cette échancrure un peu arqués ; plus convexe en arrière qu'en avant ; offrant, au niveau du bord antérieur des yeux, les traces d'une dépression transversale ; un peu déclive à sa partie antérieure. *Yeux* noirs, en partie coupés par le canthus des joues. *Antennes* insérées sous le rebord des joues ; un peu moins longuement prolongées que les angles postérieurs du prothorax ; de onze articles : le premier à peine plus long que large : le deuxième un peu plus long que large, faiblement élargi d'arrière en avant : le troisième d'un tiers plus long que le deuxième et, comme celui-ci, faiblement élargi d'arrière en avant : le quatrième de forme analogue, plus long que le deuxième et moins que le troisième : le cinquième obconique, court : les sixième à dixième moniliformes : le onzième le plus gros, subglobuleux. *Prothorax* tronqué et sans rebord en devant ; élargi sur les côtés en ligne un peu courbe jusqu'au tiers de ceux-ci, puis un peu rétréci en ligne presque droite jusqu'aux angles postérieurs ; muni latéralement d'un rebord très-étroit et peu apparent ; tronqué en ligne presque droite à la base, mais un peu sinuée près des angles postérieurs ; à angle droit

ces derniers ; à peu près aussi long qu'il est large en devant, paraissant
u moins un peu plus long qu'il est large en arrière ; médiocrement con-
exe ; noir ou d'un noir brun ; glabre ; marqué de points rapprochés.
cusson très-court, arqué en arrière, une fois plus large que long. *Élytres*
peu près aussi larges en devant que le prothorax à ses angles postérieurs ;
ffrant en devant, aux extrémités de son bord antérieur, une courte rai-
ure pour loger, dans le repos, les angles postérieurs du prothorax ; fai-
lement élargies sur les côtés jusqu'au sixième de leur longueur, subpa-
allèles ensuite jusqu'aux trois quarts, arrondies, prises ensemble, à
extrémité ; rebordées latéralement ; un peu plus convexes que le pro-
horax ; noires ou d'un noir brun ; glabres ; marquées chacune de neuf
angées longitudinales de points assez gros ou de grosseur médiocre.
ntervalles presque plans, marqués de points plus petits. *Dessous du corps*
oir, ponctué. *Prosternum* saillant entre les hanches antérieures. *Mésos-
ernum* entaillé en devant. *Métasternum* tronqué en devant, séparant assez
argement les hanches. *Ventre* de cinq arceaux : les deux ou trois pre-
niers soudés ou peu mobiles : les premier à troisième graduellement
noins longs : le quatrième le plus court : le cinquième arqué en arrière
son bord postérieur. *Pieds* peu allongés. *Cuisses* renflées, un peu
paisses, surtout les premières ; brunes ou d'un brun à teinte d'un rouge
estacé : tibias bruns : tarses d'un rouge testacé.

Cette espèce provient de l'Asie mineure.

Nous l'avons dédiée au frère Eutyme, adjoint au supérieur des Petits-
rères de Marie et bien connu dans la science par son goût éclairé pour
histoire naturelle.

————

DESCRIPTION

D'UNE

ESPÈCE NOUVELLE DE SCYMNUS

PAR

MM. E. MULSANT ET A. GODART

Présentée à la Société linnéenne de Lyon le 12 avril 1875.

Scymnus Trojanus.

Téte d'un rouge testacé. Yeux noirs. Antennes d'un rouge testacé. Pro-
thorax noir, pubescent ; paré de chaque côté d'une tache d'un rouge tes-
tacé, arquée du côté interne, couvrant le cinquième de chaque côté de la
base ; étroitement relevé en rebord sur les côtés ; en angle ouvert dirigé
en arrière à la base et presque sans rebord. Écusson petit, noir. Élytres
offrant, vers les deux cinquièmes, leur plus grande largeur ; rétrécies en-
suite en ligne courbe jusqu'à l'angle sutural, noires. Pubescence cendrée.
Plaque abdominale complète, n'arrivant pas au bord externe. Pieds d'un
rouge testacé.

Long., 0^m,0035 (1 1/2 l.) ; — larg., 0^m,0015 (3/4 l.).

Corps allongé, peu convexe, noir ; antennes d'un rouge testacé.

Tête presque aussi large que longue ; offrant au devant des yeux sa plus
grande largeur ; un peu rétrécie après ces organes ; échancrée à son bord
antérieur, avec les côtés de ceux-ci arqués ; plus convexe en arrière qu'en
devant ; subéprimée transversalement entre les yeux à la partie antérieure ;
noire, glabre, ponctuée. *Yeux* noirs, à facettes assez grosses, en grande

partie coupés par le canthus. *Antennes* insérées sous le rebord des joues, d'un rouge testacé ; de onze articles : le premier à peine plus long que large, cylindrique : le deuxième faiblement élargi d'arrière en avant : le troisième d'un tiers plus grand que le deuxième : le quatrième long, obconique, plus long que le deuxième et plus court que le troisième : les deuxième, troisième et quatrième de même grosseur : les cinquième à onzième grossissant graduellement : le cinquième obconique : les sixième à dixième moniliformes : le onzième le plus gros, suborbiculaire ; un peu moins longuement prolongée que le bord postérieur du prothorax. *Prothorax* tronqué et sans rebord à son bord antérieur; peu élargi ou légèrement courbé jusqu'au tiers, un peu rétréci en ligne presque droite jusqu'au bord postérieur ; à peine muni d'un rebord étroit et peu visible sur les côtés ; tronqué en ligne presque droite mais légèrement sinuée près des angles postérieurs et muni d'un étroit rebord à la base ; presque aussi long que large ; médiocrement convexe, noir, glabre ; marqué de points rapprochés. *Écusson* très-court, arqué en arrière à son bord postérieur, une fois plus large que long. *Élytres* à peu près aussi larges en devant que le prothorax à ses angles postérieurs ; offrant une dépression pour recevoir ces angles, faiblement élargies jusqu'au sixième de leur longueur ; subparallèles environ jusqu'aux trois quarts ; arrondies prises ensemble à l'extrémité ; rebordées latéralement ; un peu plus convexes que le prothorax ; à neuf rangées striales de points assez gros. *Intervalles* peu sensiblement relevés, pointillés, glabres, noirs. *Dessous du corps* noir, ponctué. *Mésosternum* et *métasternum* tronqué en devant, séparant les pieds intermédiaires et postérieurs. *Prosternum* roux. Premier, deuxième et troisième arceaux du ventre soudés, grands : le quatrième court : le cinquième arqué en arrière. *Pieds* peu allongés. *Cuisses* brunes ou avec une teinte de rouge testacé. *Tibias* bruns. *Tarses* d'un rouge testacé.

PATRIE. L'Asie mineure.

DESCRIPTION

D'UNE

NOUVELLE ESPÈCE D'HÉMIPTÈRE

DE LA FAMILLE DES JASSIDES

PAR

MM. E. MULSANT ET CL. REY

Présentée à la Société linnéenne de Lyon le 10 mai 1875.

Stegelytra Putoni, Mulsant et Rey.

Oblonga, subglabra, pallida, thorace scutelloque plus minusve ferrugineis, elytris postice ferrugineo-conspersis, pectoris lateribus macula magna nigra notatis. Fronte angulata, elytris fastigiatis, postice compressis.

Variété *a*. Prothorax, écusson et *élytres* presque entièrement pâles.

Long., 0^m,0055; — larg., 0^m,002.

Corps presque glabre, presque mat, pâle avec le prothorax et l'écusson plus ou moins lavés de ferrugineux et la dernière moitié des élytres mouchetée de même couleur.

Tête un peu moins large que le prothorax, plus ou moins pâle. *Vertex* paré de mouchetures confluentes, à peine plus foncées ; subarcuément et transversalement impressionné dans son milieu ; finement, obsolètement et longitudinalement ridé ; surmonté en arrière de quelques linéoles plus élevées, dont l'intermédiaire plus distincte et plus prolongée. *Front* supérieurement avancé en angle sensible mais plus ouvert que l'angle droit ;

à face inférieure oblongue, réticulée de ferrugineux clair, marquée sur son milieu d'une fine ligne longitudinale obscure. *Épistome* et *joues* à taches ou réticulations d'un roux pâle, ordinairement moins apparentes sur celui-là. *Rostre* à sommet des articles rembruni.

Yeux livides, à taches rembrunies.

Antennes pâles à leur base, à soie plus ou moins obscure.

Prothorax très-court, ridé en travers, plus ou moins ferrugineux avec les côtés pâles ; offrant, le long du bord antérieur, des cicatrices presque lisses et blanchâtres.

Écusson transverse, triangulaire, à pointe brusque et subaciculée ; subsinué sur ses côtés ; finement rugueux ; plus ou moins ferrugineux ; souvent paré à sa base de deux grandes taches plus obscures, situées entre deux petites taches plus claires ; offrant en outre trois petites cicatrices lisses, pâles : une de chaque côté sur la marge latérale, l'autre avant la pointe terminale, qui est carinulée.

Élytres oblongues, de la largeur du prothorax à leur base ; subarcuément subdilatées avant leur milieu ; sensiblement rétrécies et latéralement comprimées en arrière ; fortement élevées sur la suture en faîte tranchant ; largement et individuellement arrondies à leur sommet ; parsemées près des côtés de quelques soies courtes, couchées et peu distinctes ; à nervures plus fortes en arrière et latéralement ; peu brillantes ; pâles surtout à leur base, avec l'extrémité graduellement moins claire et finement mouchetée de ferrugineux ; parées peu après le milieu du disque, près des côtés, d'une tache ocellée ou circulaire, formée par les nervures restées plus pâles et tranchant un peu sur le fond ferrugineux. *Clef* offrant sur la tranche suturale deux traits obscurs : un près du milieu, l'autre vers l'extrémité.

Dessous du corps pâle, avec une grande tache noire, trapéziforme, sur les côtés de la poitrine, et le côté externe des hanches souvent rembruni ou maculé de brun.

Pieds pâles, avec des points bruns, épars sur la face antérieure des cuisses et tibias antérieurs et intermédiaires, disposés en série sur les cuisses et tibias postérieurs.

PATRIE. Nous avons pris cette espèce, en battant les chênes verts, en mars et avril, aux environs de Fréjus et d'Hyères. Elle fait des sauts de 1 mètre.

Nous l'avons dédiée à M. Auguste Puton, dont les travaux sur les Hémiptères ne peuvent moins faire que d'encourager le goût de ceux qui s'occupent de cet ordre intéressant.

Obs. Cette espèce, bien voisine de la *Stegelytra alticeps*, en diffère par sa couleur plus pâle et par sa forme plus étroite. Le front est plus angulé en avant ; le vertex, moins fortement impressionné en travers dans son milieu, est plus finement et moins distinctement ridé dans sa partie antérieure. L'écusson est plus visiblement acuminé au sommet. Les élytres sont plus comprimées sur les côtés, avec les nervures principales moins accusées, etc.

Souvent le prothorax et l'écusson, plus rarement les élytres, sont presque entièrement pâles.

DESCRIPTION

D'UNE

NOUVELLE ESPÈCE DE BRÉVICOLLE

PAR

MM. E. MULSANT ET CL. REY

Présentée à la Société linnéenne de Lyon le 10 mai 1875.

Helodes subterraneus, Mulsant et Rey.

Elongatus, parum convexus, flavo-pubescens, nitidus, supra testaceus, infra nigro-piceus ; antennis nigris basi piceo-testaceis ; capite femoribus-que infuscatis ; elytrorum apice summo obscuro.

Long., 0^m,0040.

Corps allongé, peu convexe, d'un testacé brillant, avec le sommet des élytres obscur et le dessous du corps d'un noir de poix ; revêtu d'une pubescence blonde, bien distincte et modérément serrée.

Tête transverse, subverticale, de la largeur de la moitié de la base du prothorax ; subdéprimée ; assez densement et subaspèrement pointillée ; d'un noir de poix assez brillant, avec une pubescence blonde, assez longue et assez serrée. *Mandibules* d'un roux de poix. *Palpes* testacés.

Yeux très-grands, subarrondis, noirâtres, à taches livides.

Antennes longues, atteignant environ les deux tiers ou les trois quarts du corps, filiformes ; finement pubescentes ; noires, avec le premier article d'un brun de poix subtestacé et les deux suivants un peu plus clairs : le premier épais, oblong : le deuxième court, subglobuleusement transverse, assez renflé : le troisième très-court, plus étroit : le quatrième très-allongé : les suivants un peu moins longs, subcylindriques, subégaux : le dernier aussi long que le pénultième, subfusiforme.

Prothorax très-court, deux fois aussi large que long ; un peu moins large à sa base que les élytres ; arrondi en avant et sur les côtés en forme d'hémicycle ; bissinué à sa base, avec le lobe médian tronqué et une petite fossette ou striole au fond des sinus, et les angles postérieurs presque droits mais un peu émoussés ; assez convexe sur son disque ; relevé en gouttière à sa marge antérieure, un peu plus fortement sur les côtés ; finement et assez densement ponctué ; d'un testacé brillant, avec une pubescence blonde, assez longue, un peu plus serrée sur les côtés.

Écusson aspèrement pointillé, pubescent, d'un testacé obscur.

Élytres environ cinq fois plus longues que le prothorax ; subarquées sur les côtés ; subrétrécies en arrière ; individuellement et assez étroitement arrondies au sommet ; subconvexes dans leur ensemble ; longitudinalement subdéprimées sur la suture jusqu'après leur milieu ; finement, densement et aspèrement pointillées ; d'un testacé brillant, avec le sommet un peu rembruni ; revêtues d'une pubescence blonde, assez longue et assez serrée. *Épaules* arrondies.

Dessous du corps finement pubescent, finement pointillé, d'un noir de poix assez brillant, avec le sommet du ventre un peu roussâtre.

Pieds allongés, finement pubescents, aspèrement pointillés, d'un testacé de poix avec les cuisses et les hanches plus ou moins rembrunies, les genoux et les tarses plus clairs.

PATRIE. Cette espèce a été trouvée par M. Valery Mayet, à la Massane (Pyrénées-Orientales), sous les pierres fortement enfoncées.

OBS. Elle ressemble beaucoup à l'*Helodes minutus* Linn. (*pallidus* Fab.), mais elle est un peu moindre. La tête, la base des antennes, le dessous du corps et les pieds sont d'une couleur plus obscure. Les élytres paraissent un peu plus atténuées en arrière. Ses mœurs souterraines ne permettent pas de la regarder comme une variété du *minutus*.

DESCRIPTION

D'UNE

NOUVELLE ESPÈCE DE BRACHÉLYTRE

DE LA TRIBU DES ALÉOCHARINI

PAR

MM. E. MULSANT ET CL. REY

Présentée à la Société linnéenne de Lyon le 10 mai 1875.

Liota hypogaea, MULSANT et REY.

Elongata, sublinearis, parum convexa, parce pubescens, nitida, rufo-brunnea, antennis, ano pedibusque testaceis, capite abdominisque cingulo lato nigris. Capite, elytris abdomineque sublaevigatis, thorace vix punctulato.

Long., 0^m,0025 (1 1/6 l.).

Corps allongé, sublinéaire, peu convexe, brillant, d'un roux obscur, avec la tête et les troisième et quatrième segments de l'abdomen noirs et l'extrémité de celui-ci largement testacée ; recouvert d'une fine pubescence blonde et très-peu serrée.

Tête en carré subtransverse, à peine moins large que le prothorax, subconvexe, à peine pubescente, lisse, d'un noir brillant. *Parties de la bouche* testacées.

Yeux petits, irrégulièrement arrondis, noirs.

Antennes de la longueur de la tête et du prothorax réunis ; graduellement et assez fortement épaissies ; distinctement pisellées ; entièrement

d'un flave testacé ; à premier article suballongé, à peine renflé en massue :
le deuxième oblong, à peine plus grêle, mais un peu moins long que le
premier : le troisième obconique, plus court que le deuxième : les quatrième à dixième graduellement plus épais, fortement transverses, avec
les pénultièmes encore plus fortement et très-courts : le dernier grand,
plus long que les deux précédents réunis, en ovale acuminé au bout.

Prothorax en carré subtransverse ; un peu moins large que les élytres ;
tronqué au sommet, avec les angles antérieurs infléchis et fortement arrondis ; presque droit et subparallèle sur les côtés ; largement arrondi à sa
base, avec les angles postérieurs obtus ; faiblement convexe ; éparsement
pubescent ; paré en outre sur les côtés de deux ou trois légères soies redressées ; à peine ou obsolètement pointillé ; d'un brun de poix brillant,
à peine roussâtre. *Repli* lisse, moins foncé.

Écusson lisse, brillant, noir, glabre.

Élytres en carré transverse, à peine plus longues que le prothorax ;
simultanément et à peine échancrées à leur bord apical, avec l'angle
sutural émoussé ; subdéprimées ; longitudinalement impressionnées sur
la suture ; éparsement pubescentes, avec une légère soie redressée sur le
côté des épaules ; presque lisses ; d'un brun de poix roussâtre et brillant,
la suture un peu plus rembrunie derrière l'écusson. *Épaules* étroitement
arrondies.

Abdomen allongé, un peu moins large que les élytres, cinq fois plus
prolongé que celles-ci ; subparallèle ; subconvexe sur le dos ; peu pubescent ; très-éparsement et légèrement ponctué sur les côtés ; presque lisse ;
d'un brun brillant, plus ou moins roussâtre sur les premiers segments,
presque noir sur les troisième et quatrième, testacé sur la dernière moitié
du cinquième et sur le sixième entièrement. Les *trois premiers* étroitement
sillonnés en travers à leur base, avec le fond des sillons encore plus lisse :
le cinquième subégal au précédent, largement tronqué ou à peine échancré
à son bord apical : le sixième assez saillant, étroit, subogival, à peine
pointillé.

Dessous du corps à peine pubescent, presque lisse, d'un brun de poix
brillant, avec l'extrémité du ventre testacée, et le troisième et quatrième
arceaux plus ou moins rembrunis. *Ventre* convexe, éparsement sétosellé
vers son sommet.

Pieds peu allongés, légèrement pubescents, à peine pointillés, testacés. *Cuisses* subélargies. *Tibias* assez grêles. *Tarses* courts.

PATRIE. Cette espèce se tient cachée sous les pierres enfoncées. Elle a été capturée en mai, à la Massane (Pyrénées-Orientales), par M. Valéry Mayet.

OBS. Elle ressemble beaucoup à la *L. rufotestacea* Kr. (*atricapilla* Mulsant et Rey). La taille est moindre et la couleur généralement plus obscure. Les antennes, proportionnellement plus longues, sont plus grêles à leur base, d'un testacé plus pâle, avec leur dernier article plus grand et plus acuminé. La tête est plus convexe et plus brillante. Le prothorax, moins visiblement pointillé, n'offre aucune trace de sillon canaliculé. Les élytres sont plus lisses, etc.

DESCRIPTION

DE

QUELQUES ESPÈCES DE COLÉOPTÈRES

NOUVEAUX OU PEU CONNUS

DE LA TRIBU DES BRÉVIPENNES

PAR

MM. E. MULSANT ET CL. REY

Présentée à la Société linnéenne de Lyon, le 10 mai 1875.

1. Oxypoda Damryi, MULSANT et REY.

*Allongée, subfusiforme, peu convexe, assez brillante, soyeusement pubes-
cente, d'un noir de poix, avec la base des antennes, le sommet de l'abdomen
et les pieds d'un testacé de poix. Tête éparsement pointillée. Antennes
à deuxième et troisième articles subégaux. Prothorax transverse, presque
aussi large en arrière que les élytres, subfovéolé à sa base, finement et
assez densement pointillé. Élytres plus longues que le prothorax, subdéprimées, densement et ruguleusement pointillées. Abdomen atténué en
arrière, densement pointillé vers sa base, plus lâchement vers son extrémité.*

Long., 0^m,0027 (1 1/4 l.).

PATRIE. La Corse orientale (collection Damry). Nous avons dédié cette
espèce à cet intelligent et zélé entomologiste, qui l'a découverte.

"]

Obs. Elle ressemble à l'*Ox. humidula*, mais elle est moindre, plus étroite, moins fusiforme, plus noire et plus brillante (1).

2. Oxypoda referens, MULSANT et REY.

Allongée, subfusiforme, peu convexe, finement pubescente, d'un roux brunâtre assez brillant, avec la tête et l'abdomen plus obscurs, la bouche, la base des antennes et les pieds testacés. Tête à peine pointillée. Antennes subépaissies, à troisième article presque égal au deuxième, les pénultièmes transverses. Prothorax transverse, rétréci en avant, aussi large en arrière que les élytres, légèrement pointillé. Élytres transverses, un peu plus courtes que le prothorax, subdéprimées, finement, densement et ruguleusement pointillées. Abdomen faiblement atténué en arrière, distinctement sétosellé vers son sommet, très-finement et densement pointillé vers sa base, plus lisse postérieurement.

Long., 0^m,0038 (1 2/3 l.); — larg., 0^m,0006 (1/3 l.).

Patrie. La Corse orientale (collection Damry).

Obs. On peut comparer cette espèce à l'*Ox. platyptera*, Fairmaire, dont elle a un peu le port. La couleur est généralement plus obscure ; la forme est plus étroite ; les élytres sont un peu moins déprimées et un peu moins courtes. L'abdomen, moins atténué en arrière, est moins densement pointillé vers son extrémité qu'à la base.

Les exemplaires immatures ont le prothorax et les élytres plus ou moins roux, et ressemblent à l'*Ox. togata ;* mais celle-ci a la taille moindre et le prothorax plus long, etc.

Les intersections ventrales sont le plus souvent roussâtres. Quelquefois le sommet de l'abdomen est d'un roux de poix.

Près des *Colpodota fungi, orbata* et *orphana* on peut placer l'espèce suivante :

____

(1) Nous avons vu, également de Corse, quelques exemplaires plus grands et plus obscurs que l'*Ox. umbrata.* Peut-être est-ce là une variété ou une espèce. *(Persimilis,* nob.).

3. Colpodota (Acrotona) abbreviata, MULSANT et REY.

Assez courte, assez large, subfusiforme, assez convexe, finement et mo-dérément pubescente, d'un noir brillant, avec les pieds d'un roux de poix. Tête légèrement ponctuée. Antennes à peine épaissies, à peine pilosellées, à premier article fortement renflé, le troisième évidemment plus court que le deuxième, le quatrième sensiblement, les cinquième à dixième for-tement transverses. Prothorax court, convexe, rétréci en avant, subarqué sur les côtés, de la largeur des élytres, subsinué sur les côtés de sa base, légèrement et assez densement pointillé. Élytres fortement transverses, à peine plus longues que le prothorax, faiblement convexes, distinctement, densement et subrugueusement pointillées. Abdomen assez fortement atténué en arrière, fortement sétosellé sur les côtés, finement, modéré-ment et subuniformément pointillé.

Long., 0^m,0017 (3/4 l.) ; — larg., 0^m,0005 (1/4 l.).

PATRIE. Ospedale, en Corse (collection Revelière).

OBS. Cette espèce a la taille et la tournure de la *Colpodota aterrima*, mais elle est plus convexe et plus brillante.

Elle ressemble aussi à la *C. orphana*. Elle est plus large, plus épaisse et plus noire. Les antennes sont plus obscures, plus longues, plus grêles et moins fortement pilosellées. Le prothorax est plus court et plus convexe. Les élytres sont un peu moins longues, moins déprimées, plus rugueuses. L'abdomen est moins densement pointillé vers sa base, avec la ponctuation non ou à peine plus écartée en arrière ; il est aussi plus fortement sétosellé sur les côtés. Les pieds sont d'une couleur moins claire, etc.

Avant la *Microdota palustris* on peut colloquer l'espèce suivante :

4. Microdota (Philhygra) transposita, MULSANT et REY.

Allongée, sublinéaire, peu convexe, finement pubescente, d'un noir assez brillant, avec la bouche, les antennes et les pieds d'un testacé de poix. Tête légèrement pointillée. Antennes faiblement épaissies, à peine pilosellées, avec le troisième article un peu plus court et un peu plus grêle que le deuxième, les quatrième à sixième non, les pénultièmes légèrement transverses. Prothorax transverse, un peu moins large que les élytres, subrétréci en arrière, éparsement sétosellé sur les côtés, légèrement pointillé, marqué vers sa base d'une fossette transversale. Élytres transverses, un peu plus longues que le prothorax, subdéprimées, finement et densement pointillées. Abdomen à peine atténué en arrière, distinctement sétosellé, finement et assez densement ponctué sur les premiers segments, un peu moins densement sur les cinquième et sixième.

Long., 0^m,0027 (1 1/4 l.); — larg., 0^m,0005 (1/4 l.).

Patrie. Porto-Vecchio, en Corse (collection Revelière.)

Obs. Cette espèce est remarquable par la fossette transversale de son prothorax, et par les soies tout à fait redressées du dos de son abdomen. Elle est plus noire, moins déprimée et un peu plus robuste que la *palustris*, avec les pieds d'une couleur moins claire.

Elle est plus obscure, plus brillante, moins étroite que la *Metaxya gemina*, avec le sommet de l'abdomen d'une couleur moins claire et le cinquième segment de celui-ci plus ponctué.

A un certain jour, par l'effet de la pubescence, le prothorax paraît finement canaliculé sur sa ligne médiane.

Près de la *Microdota sericea* se placerait l'espèce suivante :

5. Microdota sericata, Mulsant et Rey.

Suballongée, sublinéaire, faiblement convexe, très-finement et assez densement pubescente, d'un brun de poix, avec les élytres et les antennes roussâtres, la base de celles-ci, la bouche et les pieds testacés. Tête à peine pointillée. Antennes faiblement épaissies, légèrement pilosellées, à troisième article à peine plus court que le deuxième, les cinquième à dixième médiocrement transverses. Prothorax transverse, un peu moins large que les élytres, sensiblement arqué sur les côtés, très-finement et légèrement pointillé. Élytres fortement transverses, un peu plus longues que le prothorax, subdéprimées, très-finement et densement pointillées. Abdomen subparallèle, distinctement sétosellé sur les côtés, finement, assez densement et uniformément pointillé.

Long., 0^m,0018 (4/5 l.); — larg., 0^m,0004 (1/5 l.).

Patrie. Porto-Vecchio, en Corse. (Collection Revelière.)

Obs. Cette espèce ressemble à la *sericea.* Elle est plus large, plus ramassée, plus brièvement et plus finement soyeuse. Le prothorax est plus convexe, plus fortement arqué sur les côtés. Surtout, l'abdomen est moins étroit, plus paralièle, plus densement et plus uniformément pointillé, etc.

Elle a le faciès d'une petite *Alaobia coriaria.* Mais la ponctuation de l'abdomen est différente. Du reste, elle nous semble rentrer dans le genre *Microdota.*

Près de la *sericea* viendrait encore l'espèce suivante :

6. **Microdota nana.** Mulsant et Rey.

Allongée, sublinéaire, subdéprimée, très-finement pubescente, d'un noir de poix assez brillant, avec la bouche, la base des antennes et les pieds testacés. Tête finement pointillée, obsolètement fovéolée sur son milieu. Antennes légèrement épaissies, à peine pilosellées, à troisième article beaucoup plus court que le deuxième, les sixième à dixième assez fortement transverses. Prothorax transverse, subrétréci en arrière, un peu moins large que les élytres, très-finement et très-densement pointillé. Élytres presque carrées, plus longues que le prothorax, subdéprimées, finement et densement pointillées. Abdomen subparallèle, légèrement sétosellé sur les côtés, finement et densement pointillé vers sa base, éparsement en arrière.

Long., 0^m,0015 (2/3 l.) ; — larg., 0^m,00035 (1/6 l.).

Patrie. Porto-Vecchio (collection Revelière).

Obs. Cette petite espèce tient le milieu entre la *Microdota sericea* et la *sordidula*. Elle diffère de la première par sa taille moindre, par sa couleur plus noire et un peu moins brillante, par ses antennes plus obscures, moins pilosellées et moins épaissies, par son prothorax un peu moins court et plus rétréci en arrière, par son abdomen moins lisse dans sa partie postérieure. Elle est plus brillante que la *sordidula*, dont elle a la taille et le port, mais la base des antennes et les pieds sont d'une couleur plus pâle, et l'abdomen est beaucoup moins densement pointillé et nullement mat.

Nous avons vu deux autres espèces de *Microdota*, dont nous ne donnerons qu'une courte description :

7. **Microdota coelifrons**, Mulsant et Rey.

Suballongée, peu convexe, légèrement pubescente, d'un noir assez brillant, avec les pieds d'un testacé obscur. Tête presque lisse, largement impressionnée sur son milieu. Antennes faiblement épaissies, à peine pilosellées, à troisième article à peine plus court que le deuxième, les cinquième à dixième sensiblement transverses. Prothorax fortement transverse, un peu moins large que les élytres, assez fortement arqué sur les côtés, obsolètement canaliculé sur son milieu, finement et légèrement pointillé. Élytres transverses, évidemment plus longues que le prothorax, subdéprimées, finement, densement et subruguleusement pointillées. Abdomen à peine atténué en arrière, distinctement sétosellé sur les côtés, finement et densement pointillé, à peine moins densement vers son extrémité.

Long., 0^m,0015 (2/3 l.) ; — larg., 0^m,0004 (3/5 l.).

Patrie. Cette espèce a été prise, en mars, dans les excréments, par M. Valery Mayet, aux environs de Montpellier.

Obs. Elle semble être une variété de la *Microdota celata*. Les antennes sont un peu moins épaisses, moins distinctement pilosellées, avec leur troisième article un peu moins court. L'abdomen est un peu plus ponctué en arrière. La couleur générale du corps est plus noire, etc.

8. **Microdota secreta**, Mulsant et Rey.

Suballongée, subparallèle, peu convexe, finement duveteuse, d'un brun de poix assez brillant, avec la tête et l'abdomen plus foncés, l'extrémité de celui-ci d'un roux testacé, la bouche, la base des antennes et les pieds pâles. Tête presque lisse. Antennes à peine épaissies, à troisième article un peu plus court et plus grêle que le deuxième, les quatrième et cinquième à peine, les sixième à dixième sensiblement transverses. Prothorax transverse, à peine moins large que les élytres, subarqué sur les côtés, obsolètement canaliculé sur sa ligne médiane, très-finement et densement pointillé. Élytres transverses, à peine plus longues que le prothorax, subdéprimées, finement et densement pointillées. Abdomen subarqué sur les côtés, faiblement sétosellé vers son sommet, très-finement et densement pointillé vers sa base, un peu plus lisse en arrière.

Long., 0ᵐ,0010 (1 l. à peine); — larg., 0ᵐ,0005 (1/4 l.).

Patrie. Porto-Vecchio, en Corse. (Collection Revelière.)

Obs, Cette espèce ressemble un peu à la *Microdota paradoxa*, Mulsant et Rey; mais elle est un peu moindre, un peu moins convexe. Surtout, les antennes sont plus grêles, et le prothorax est finement, quoique obsolètement, canaliculé sur sa ligne médiane.

Les antennes sont d'un testacé obscur avec la base plus claire. Chez les exemplaires immatures, la base de l'abdomen est d'un roux de poix.

Cette espèce simule une *Amischa*, mais la tête n'est point subtriangulaire.

9. **Sipalia scabripennis**, Mulsant et Rey.

Allongée, sublinéaire, d'un roux de poix, avec les antennes, la bouche e les pieds plus pâles, et l'abdomen largement noir avant le sommet. Tête un peu plus étroite que le prothorax, pointillée. Prothorax plus étroit en arrière, plus large en avant que les élytres, distinctement canaliculé sur le dos, obsolètement pointillé. Élytres subparallèles, d'un tiers plus courtes que le prothorox, densement, assez fortement et scabreusement ponctuées. Abdomen un peu plus large en arrière, avec les trois premiers segments éparsement, les quatrième et cinquième à peine ponctués.

♂ Le *cinquième segment abdominal* muni sur son milieu d'un petit tubercule oblong. Le *sixième* crénelé à son bord apical.

♀ Le *cinquième segment abdominal* inerme. Le *sixième* entier.

Long., 0^m,0020 (4/5 l.).

Corps allongé, sublinéaire, d'un roux de poix assez brillant, avec le quatrième et souvent le troisième segments de l'abdomen plus ou moins rembrunis ; éparsement sétosellé ; revêtu en outre d'une fine pubescence pâle, courte, couchée et peu serrée.

Tête un peu moins large que le prothorax ; à peine pubescente ; tantôt distinctement, tantôt obsolètement pointillée ; d'un roux de poix assez brillant. *Front* très-large, subconvexe. *Épistome* en dos d'âne, lisse. *Labre* testacé, légèrement cilié. *Palpes* testacés. *Mandibules* un peu plus foncées.

Yeux très-petits, subarrondis, noirs.

Antennes de la longueur environ de la tête et du prothorax réunis ; sensiblement et graduellement épaissies ; très-finement duveteuses et en outre distinctement pilosellées ; entièrement d'un roux testacé parfois assez clair ; à premier article sensiblement renflé : les deuxième et troisième obconiques : le troisième à peine plus grêle mais un peu plus court que le deuxième : les quatrième à dixième graduellement plus épais, non ou peu contigus : le quatrième à peine, les cinquième à dixième fortement transverses : le dernier à peine aussi long que les deux précédents réunis, ovalaire, obtusément acuminé au sommet.

Prothorax transverse, un peu plus large en avant que les élytres, même à leur sommet ; sensiblement rétréci en arrière où il est un peu moins large que les élytres à leur base ; largement tronqué au sommet, avec les angles antérieurs infléchis et presque droits ; sensiblement arqué en avant sur les côtés, qui sont subsinués en arrière, vus latéralement ; obtusément arrondi à sa base, avec les angles postérieurs obtus ; à peine convexe ; creusé sur sa ligne médiane d'un sillon canaliculé assez distinct, plus large

et plus profond en arrière ; légèrement pubescent ; en outre, éparsement
sétosellé sur les côtés ; obsolètement et peu densement pointillé ; entièrement d'un roux de poix assez brillant et parfois subtestacé.

Écusson petit, d'un roux de poix.

Élytres courtes, d'un tiers moins longues que le prothorax ; subparallèles ou à peine plus larges en arrière qu'en avant ; subdéprimées et
parfois inégales sur leur disque ; légèrement pubescentes ; offrant en outre
sur les côtés deux soies redressées, une vers les épaules, et l'autre vers
le milieu ; assez fortement et densement ponctuées, avec la ponctuation
distinctement râpeuse et comme granulée ; entièrement d'un roux de poix
assez brillant et parfois subtestacé. *Épaules* peu saillantes, étroitement
arrondies.

Abdomen allongé, à peine moins large à sa base que les élytres, de
cinq à six fois plus prolongé que celles-ci ; un peu et subarcuément
élargi en arrière ; subdéprimé vers sa base ; assez convexe postérieurement ;
éparsement pubescent ; parcimonieusement sétosellé sur les côtés ; éparsement ponctué sur les trois premiers segments, encore moins sur les quatrième et cinquième ; d'un roux de poix brillant et subtestacé, avec le
quatrième segment et souvent la majeure partie du troisième noirs ou noirâtres. Les *trois premiers* distinctement sillonnés en travers à leur base,
avec le fond des sillons lisse : le cinquième subégal au quatrième : le
sixième souvent assez saillant, d'un roux testacé.

Dessous du corps légèrement pubescent, d'un roux de poix brillant et
subtestacé, avec une large ceinture noire avant le sommet du ventre :
celui-ci visiblement pointillé, à sixième arceau parfois assez saillant, plus
ou moins arrondi au sommet.

Pieds assez courts, finement pubescents, à peine pointillés, d'un roux
testacé assez brillant. *Tarses* courts, les *postérieurs* un peu plus allongés.

PATRIE. Cette espèce a été rencontrée en Corse, dans la forêt de la
Foggia, sous les écorces du Hêtre, par notre ami Valery Mayet, chasseur
habile et observateur intelligent. Il nous en a communiqué, entre autres,
deux exemplaires capturés sous les mousses aux environs d'Ajaccio, et
qui nous ont paru se rapporter à l'espèce en question.

OBS. La *Sipalia scabripennis* ressemble un peu à la *S. nubigena*, mais les élytres sont plus courtes et surtout beaucoup plus fortement scabreuses, ce qui la distingue de la plupart de ses congénères.

Elle varie un peu pour la couleur qui est quelquefois d'un roux assez clair. La tête est souvent un peu rembrunie. Le troisième segment abdominal est tantôt entièrement roux, tantôt entièrement noirâtre ou seulement dans sa partie postérieure. Les élytres, parfois également subdéprimées, sont d'autres fois faiblement mais visiblement subimpressionnées sur les côtés de leur disque, et les aspérités qui recouvrent leur surface sont plus ou moins fortes.

Cette espèce est voisine de la *Leptusa rugosipennis* de Scriba (*Col. Heft.* I, 1867, 68), Toscane, mais elle est plus obscure.

10. Sipalia cavipennis, MULSANT et REY.

Suballongée, sublinéaire, déprimée, éparsement pubescente, d'un roux testacé assez brillant, avec les troisième et quatrième segments de l'abdomen plus ou moins obscurs. Tête subovale, un peu plus étroite que le prothorax, à peine pointillée. Le troisième article des antennes subégal au deuxième. Prothorax transverse, à peine rétréci en arrière, moins large que les élytres à leur sommet, subdéprimé sur le dos, faiblement pointillé. Élytres courtes, égalant un peu plus de la moitié du prothorax, plus ou moins excavées sur leur disque, subaspèrement pointillées. Abdomen suballongé, subparallèle ou à peine plus large en arrière, à peine pointillé vers sa base, presque lisse vers son extrémité.

♂ Le *cinquième segment abdominal* muni, sur le dos, de deux carènes saillantes, subparallèles, prolongées jusqu'au sommet. *Élytres* assez fortement excavées sur leur disque, avec la suture relevée en carène.

♀ Le *cinquième segment abdominal* inerme. *Élytres* faiblement excavées sur leur disque.

Long., 0ᵐ,0016 (2/3 l.) ; — larg., 0ᵐ,0004 (1/4 l.).

PATRIE. La Corse orientale (collection Damry).

Obs. Cette espèce, remarquable par ses élytres excavées et par les deux carènes abdominales du ♂, ressemble à notre *Sipalia scabripennis*. Elle est moins allongée ; le prothorax est plus égal ; les élytres sont plus finement rugueuses ; la ponctuation générale est moins apparente, ainsi que la pubescence.

11. Sipalia sublaevis, Mulsant et Rey.

Allongée, sublinéaire, presque lisse, brillante, d'un roux testacé, avec l'ab-domen largement rembruni en arrière. Tête de la largeur du prothorax, lisse. Prothorax subcirculaire, de la largeur de la base des élytres, presque lisse. Élytres très-courtes, plus larges postérieurement, d'une moitié plus courtes que le prothorax, obsolètement ponctuées. Abdomen plus large en arrière, presque lisse.

Long., 0ᵐ,0016 (3/4 l.).

Corps allongé, sublinéaire, plus large en arrière, presque lisse, bril-lant, d'un roux testacé, avec les trois derniers segments de l'abdomen plus ou moins obscurs ; revêtu d'un très-fine pubescence pâle, courte, couchée et très-peu serrée.

Tête grande, suborbiculaire, de la largeur du prothorax, presque gla-bre, lisse, d'un roux testacé brillant. *Front* très-large, subconvexe, marqué sur son milieu d'une petite fossette obsolète. *Épistome* lisse. *Labre* et *autres parties de la bouche* testacées ou d'un roux testacé.

Yeux très-petits, subarrondis, noirâtres.

Antennes environ de la longueur de la tête et du prothorax réunis, sensiblement et graduellement épaissies ; très-finement duveteuses et en outre distinctement pilosellées ; entièrement d'un roux testacé ; à premier article légèrement épaissi en massue : les deuxième et troisième obconi-ques : le troisième un peu plus court que le deuxième : les quatrième à dixième graduellement plus épais, non contigus : le quatrième médiocre-ment, les cinquième à dixième assez fortement transverses : le dernier pres-que égal aux deux précédents réunis, ovalaire, subacuminé au sommet.

Prothorax presque subcirculaire mais néanmoins un peu rétréci en arrière ; aussi large en avant que les élytres à leur base ; visiblement moins large, au même endroit, que celles-ci à leur partie postérieure ; largement tronqué au sommet avec les angles antérieurs infléchis et sub-arrondis ; sensiblement et assez régulièrement arqué sur les côtés ; sub-tronqué sur le milieu de sa base, avec les angles postérieurs très-obtus, largement arrondis ou presque nuls ; très-faiblement convexe sur son disque ; très-légèrement pubescent, avec une soie redressée vers le tiers postérieur des côtés ; presque lisse ou imperceptiblement pointillé ; en-tièrement d'un roux testacé brillant.

Écusson très-petit, lisse, d'un roux brillant.

Élytres très-courtes, de moitié environ moins longues que le prothorax ; bien plus larges en arrière qu'en avant ; subconvexes vers la suture ; très-légèrement pubescentes ; éparsement ponctuées, avec la ponctuation obsolètement granulée et peu distincte ; entièrement d'un roux testacé brillant. *Épaules* peu saillantes.

Abdomen allongé, presque aussi large à sa base que les élytres ; environ six fois plus prolongé que celles-ci ; sensiblement élargi en arrière ; subconvexe sur le dos ; à peine pubescent ; à peine sétosellé ; presque lisse ou à peine et très-éparsement ponctué ; d'un roux testacé très-brillant dans sa partie antérieure, un peu plus foncé sur le deuxième segment, obscur sur la base des troisième et cinquième, entièrement noir sur le quatrième. Les *trois premiers* distinctement sillonnés en travers à leur base, avec le fond des sillons très-lisse : le cinquième subégal au qua-trième : le sixième assez saillant, subsinueusement tronqué au sommet.

Dessous du corps légèrement pubescent, d'un roux testacé brillant, avec une large ceinture rembrunie avant le sommet du ventre : *celui-ci* obsolètement ponctué, à sixième arceau assez saillant, obtusément arrondi au sommet.

Pieds courts, très-légèrement pubescents, à peine pointillés, d'un roux testacé assez brillant et assez pâle. *Tarses* courts, les *postérieurs* plus allongés.

Patrie. Cette espèce a été capturée, avec la *scabripennis*, en Corse, dans la forêt de la Foggia, sous les écorces du hêtre, par M. Valery Mayet.

Obs. Elle est remarquable par la brièveté de ses élytres, qui la rapprocherait des *S. difformis* et *piceata;* mais elle est d'une couleur plus claire, et, de plus, elle est plus lisse et plus brillante.

Les élytres sont plus lisses, moins déprimées, et l'abdomen est plus fortement et plus largement rembruni avant son sommet que chez la *S. linearis.* Les élytres, ainsi que l'abdomen, sont plus fortement élargies en arrière. Les antennes ont leurs [pénultièmes articles fortement transverses.

Peut-être doit-on rapporter à notre espèce la *Leptusa laevigata* de Scriba (*Col. Heft.* I, 1867, 70), Pyrénées-Orientales?

12. Sipalia Revelieri, Mulsant et Rey.

Allongée, peu convexe, très-finement pubescente, d'un roux testacé brillant, avec les segments intermédiaires de l'abdomen rembrunis, la base des antennes et les pieds testacés. Tête subarrondie, presque aussi large que le prothorax, lisse sur son milieu, finement et légèrement pointillée sur les côtés. Antennes assez fortement épaissies, à troisième article oblong, plus court que le deuxième, les cinquième à dixième très-fortement transverses. Prothorax légèrement transverse, non rétréci en arrière, à peine arqué sur les côtés, presque aussi large que les élytres, à peine pointillé ou presque lisse. Élytres très-courtes, égalant environ la moitié du prothorax, à peine plus larges en arrière, subdéprimées, finement et subaspèrement ponctuées. Abdomen de la largeur des élytres, subparallèle, à peine sétosellé, à peine pointillé vers sa base, lisse postérieurement.

Long., 0^m,0015 (2/3 l.); — larg., 0^m,0004 (1/5 l.).

Patrie. Les environs de Quenza, en Corse. (Collection Revelière.)

Obs. Cette espèce a tout à fait le port de la *Sipalia sublaevis.* Mais elle est un peu moins étroite et d'une couleur plus claire. La tête est moins carrée, plus arrondie sur les côtés, moins lisse, moins foncée, de la teinte du prothorax. Celui-ci est plus large, plus transverse, un peu moins lisse, moins rétréci en arrière. Les élytres, à peine moins courtes, sont fortement et moins aspèrement ponctuées, moins élargies postérieurement. L'abdomen est plus large, plus parallèle sur ses côtés, avec sa partie rembrunie un peu moins étendue, etc.

13. Sipalia impressa, MULSANT et REY.

Allongée, sublinéaire, subdéprimée, légèrement pubescente, d'un roux testacé assez brillant, avec une large ceinture abdominale rembrunie. Tête suboblongue, un peu plus étroite que le prothorax, presque lisse, subfovéolée sur son milieu. Le troisième article des antennes moins long que le deuxième. Prothorax transverse, nullement rétréci en arrière, aussi large que les élytres, longitudinalement impressionné sur le dos, obsolètement pointillé. Élytres courtes, égalant presque les deux tiers du prothorax, subdéprimées, subrugueusement pointillées. Abdomen assez allongé, subparallèle, légèrement ponctué vers sa base, lisse en arrière.

♂ *Élytres* surmontées vers les deux tiers de leur longueur, de chaque côté de la suture, d'un pli longitudinal élevé. Le *cinquième segment abdominal* armé vers son sommet d'un tubercule dentiforme. Le *sixième* bidenté au milieu de son bord postérieur. Le *sixième arceau ventral* obtusément angulé à son sommet, dépassant à peine le segment abdominal correspondant.

♀ Nous est inconnue.

Long., 0^m,0018 (3/4 l.) ; — larg., 0^m, 0004 (1/5 l. à peine).

Corps allongé, sublinéaire, subdéprimé, d'un roux testacé assez brillant, avec une large ceinture rembrunie et occupant les troisième et quatrième segments de l'abdomen et la base du cinquième ; revêtu d'une fine pubescence cendrée, courte, couchée et peu serrée.

Tête peu épaisse, suboblongue, un peu atténuée en avant, un peu plus étroite que le prothorax, à peine pubescente, presque lisse ou à peine pointillée sur les côtés, obsolètement fovéolée sur son milieu, d'un roux testacé brillant. *Front* large, peu convexe. *Parties de la bouche* testacées.

Yeux très-petits, noirs.

Antennes un peu plus courtes que la tête et le prothorax réunis ; sensiblement et graduellement épaissies ; très-finement duveteuses et de plus légèrement pilosellées ; d'un roux testacé avec la base plus claire ; à premier article à peine épaissi en massue : le deuxième assez allongé, obconique, presque aussi long que le premier : le troisième suboblong, obconique, sensiblement plus court que le deuxième : les quatrième à dixième graduellement plus épais : le quatrième subglobuleux, subtransverse : les cinquième à dixième fortement transverses : le dernier assez épais, subégal aux deux précédents réunis, ovalaire, presque mousse au sommet.

Prothorax transverse, une fois et un tiers aussi large que long ; nullement rétréci en arrière où il est aussi large ou presque aussi large que les élytres ; obtusément tronqué au sommet ; à peine arqué sur les côtés, plus sensiblement sur sa base, avec les angles antérieurs infléchis et fortement arrondis et les postérieurs obtus et subarrondis ; peu convexe sur son disque ; marqué sur le dos d'une assez large impression longitudinale, plus prononcée en arrière (♂) ; légèrement pubescent ; offrant en outre, sur les côtés et sur le bord antérieur, quelques soies obscures et redressées, assez courtes, mais bien distinctes ; obsolètement et éparsement ponctué ; entièrement d'un roux testacé assez brillant.

Écusson peu distinct, d'un roux testacé.

Élytres courtes, fortement transverses, égalant presque les deux tiers du prothorax ; non ou à peine plus larges postérieurement ; subrectilignes ou à peine arquées sur les côtés ; tronquées au sommet avec l'angle sutural presque droit ; visiblement, mais étroitement sinuées vers leur angle postéro-externe ; subdéprimées ; finement pubescentes ; entièrement d'un roux testacé assez brillant. *Épaules* peu saillantes, largement arrondies.

Abdomen assez allongé, aussi large à sa base que les élytres, environ quatre fois plus prolongé que celles-ci ; subparallèle ou à peine arqué sur les côtés ; subdéprimé vers sa base, sensiblement convexe en arrière ; légèrement pubescent et légèrement et subrugueusement ponctué vers sa base, lisse et presque glabre dans sa moitié postérieure ; d'un roux testacé assez brillant, avec les troisième et quatrième segments et la base du cinquième plus ou moins rembrunis et plus brillants. Les *trois premiers* faiblement sillonnés en travers à leur base, avec le fond des sillons presque lisse : le cinquième subégal au précédent, largement tronqué ou à peine échancré et muni à son bord apical d'une fine membrane pâle : le sixième assez saillant.

Dessous du corps à peine pubescent, presque lisse, d'un roux testacé brillant, avec une teinte rembrunie avant l'extrémité du ventre.

Pieds peu allongés, légèrement pubescents, testacés. *Cuisses* subélargies dans leur milieu. *Tibias* grêles, les *postérieurs* aussi longs que les cuisses. *Tarses* subfiliformes, finement ciliés en dessous ; les *postérieurs* plus développés.

Patrie. Cette espèce a été prise à Lorgues (Var), en novembre, en compagnie de l'*Adelops Aubei*, par M. Abeille de Perrin, qui a découvert et fait connaître une foule d'insectes hypogées jusqu'alors inédits.

Obs. Elle est plus linéaire et elle a l'abdomen plus parallèle qu'aucune autre espèce.

Comme la S. *myops*, elle a la tête suboblongue, mais la forme générale n'est plus la même et elle est plus lisse, les plis de élytres des ♂ sont situés moins en arrière.

La tête est moins arrondie que dans la S. *chlorotica* qui, du reste, a le cinquième segment abdominal inerme chez les ♂, et ceux du milieu à peine rembrunis.

14. Sipalia tenuis, Mulsant et Rey.

Allongée, linéaire, peu convexe, éparsement pubescente, d'un roux testacé brillant, avec le quatrième segment abdominal un peu rembruni sur son milieu. Tête subarrondie, presque aussi large que le prothorax, obsolètement pointillée. Antennes à troisième article d'une moitié plus court que le deuxième, les cinquième à dixième fortement transverses. Prothorax transverse, à peine rétréci en arrière, presque droit sur les côtés, presque aussi large à sa base que les élytres, obsolètement pointillé. Élytres courtes, égalant les deux tiers du prothorax, subdéprimées, très-finement pointillées. Abdomen aussi large que les élytres, subparallèle, à peine pointillé vers sa base, lisse en arrière.

Long., 0ᵐ,0014 (2/3 l.); — larg., 0ᵐ,0003 (1/7 l.).

Corps allongé, linéaire, peu convexe; d'un roux testacé assez clair et brillant, avec une teinte rembrunie sur le dos du quatrième segment abdominal; revêtu d'une très-fine pubescence pâle, courte, couchée, éparse et peu apparente.

Tête subarrondie sur les côtés, aussi large ou presque aussi large que le prothorax, à peine pubescente, très-finement et obsolètement pointillée, d'un roux testacé brillant. *Front* large, peu convexe, parfois à peine fovéolé sur son milieu. *Épistome* et *parties de la bouche* testacés, avec les *mandibules* parfois un peu plus foncées ou ferrugineuses.

Yeux très-petits, noirs.

Antennes à peine aussi longues que la tête et le prothorax réunis ; assez fortement et graduellement épaissies ; très-finement duveteuses et légèrement pilosellées ; d'un roux testacé, avec la base un peu plus claire ; à premier article allongé, subépaissi en massue, paré après le milieu de sa tranche supérieure d'un léger cil redressé : le deuxième suballongé, obconique, moins long que le premier : le troisième assez court, plus grêle et une fois moins long que le deuxième : les quatrième à dixième graduellement plus épais : le quatrième subglobuleux, subtransverse : les cinquième à dixième fortement transverses : le dernier subégal aux deux précédents réunis, subovalaire, subacuminé au sommet.

Prothorax en carré transverse, environ une fois et un quart aussi large que long; à peine rétréci en arrière où il est presque aussi large que les élytres ; tronqué au sommet avec les angles antérieurs infléchis et subarrondis ; presque droit sur les côtés ; obtusément arrondi à sa base, avec les angles postérieurs obtus, mais sensibles; légèrement convexe sur son disque; à peine pubescent ; très-finement, obsolètement et assez densement pointillé ; entièrement d'un roux testacé brillant et assez clair. *Repli* lisse, plus pâle.

Écusson petit, chagriné, testacé.

Élytres courtes, très-fortement transverses, de la longueur environ des deux tiers du prothorax ; un peu plus larges en arrière qu'en avant et presque subrectilignes sur leurs côtés ; à peine sinuées au sommet vers leur angle postéro-externe ; subdéprimées sur leur disque ; légèrement pubescentes ; finement et densement pointillées ; d'un roux testacé assez brillant et assez clair. *Épaules* largement arrondies.

Abdomen allongé, aussi large à sa base que les élytres ; cinq fois plus prolongé que celles-ci ; subparallèle ou à peine plus large postérieurement ; subconvexe vers sa base, plus fortement convexe en arrière ; finement et éparsement pubescent ; à peine sétosellé sur les côtés, avec les soies blondes, rares et subredressées ; à peine pointillé sur les premiers segments, lisse sur les derniers ; d'un roux testacé brillant, avec une légère teinte rembrunie sur le milieu du quatrième segment. Les *trois premiers* sensiblement impressionnés en travers à leur base : le cinquième beaucoup plus grand que les précédents, à bord postérieur à peine membraneux, largement tronqué, sensiblement élevé au-dessus du niveau du suivant : le sixième saillant, subtronqué à son bord apical : celui de l'armure distinct, en ogive obtuse.

Pieds peu allongés, finement pubescents, d'un roux testacé pâle. *Cuisses* assez sensiblement élargies vers leur milieu. *Tibias* grêles, les *postérieurs* aussi longs que les cuisses. *Tarses* assez étroits, légèrement ciliés : les *antérieurs* courts, les *intermédiaires* moins courts ; les *postérieurs* un peu plus développés, beaucoup moins longs que les tibias, avec les quatre premiers articles suboblongs, subégaux.

Patrie. Cette espèce a été capturée dans les environs de Sos (Lot-et-Garonne), par M. Bauduer, à la base d'un pieux profondément enfoncé en terre, en compagnie de l'*Anillus coecus* et du *Bythinus Baudueri.*

Obs. Elle est plus linéaire que toutes ses congénères. Elle a l'abdomen encore plus parallèle que les *Sipalia montivaga* et *curtipennis.* Le troisième article des antennes est plus court que dans la dernière de ces espèces ; le prothorax est moins rétréci en arrière que dans la première. Elle ressemble aussi beaucoup à la *Sipalia linearis,* mais son prothorax est un peu plus court, le quatrième segment abdominal est toujours un peu rembruni sur son milieu,

Elle simule assez bien une *Amischa* à élytres courtes. Les tarses sont moins développés que chez les autres *Sipalia.*

Près de la *Sipalia curtipennis* marcherait l'espèce suivante :

15. Sipalia laevata, Mulsant et Rey.

Allongée, peu convexe, à peine pubescente, d'un roux ferrugineux brillant, avec la tête plus foncée et les segments intermédiaires de l'abdomen d'un noir de poix, la base des antennes et les pieds d'un roux testacé. Tête subcarrée, à peine moins large que le prothorax, presque lisse, obsolètement fovéolée sur son milieu. Antennes assez fortement épaissies, à troisième article oblong, plus court que le deuxième, les cinquième à dixième fortement transverses. Prothorax suborbiculaire, subtransverse, à peine rétréci en arrière, faiblement arqué sur les côtés, de la largeur de la base des élytres, presque lisse ou à peine visiblement pointillé. Élytres très-courtes, égalant environ la moitié du prothorax, plus larges en arrière, déprimées, distinctement et aspèrement ponctuées. Abdomen presque aussi large à sa base que les élytres, subparallèle ou faiblement arqué sur les côtés, légèrement sétosellé, presque lisse.

♂ *Élytres* faiblement impressionnées sur leur disque.

♀ *Élytres* simplement déprimées ou subdéprimées.

Long., 0ᵐ,0014 (2/3 l.) ; — larg., 0ᵐ,00035 (1/6 l.).

Patrie. Les environs de Corte et d'Ospedale, en Corse. (Collection Revelière.)

Obs. Cette espèce est bien voisine de la *Sipalia curtipennis*, dont elle diffère par sa couleur un peu plus foncée, par ses antennes à peine moins fortement épaissies, par son prothorax plus lisse et sans impression ou fossette basilaire, par son abdomen paré d'une bande transversale obscure, plus large et embrassant au moins deux segments et demi.

Elle varie un peu pour la taille et la coloration. Ainsi par exemple, nous avons vu dans la collection de M. E. Revelière, un échantillon sensiblement moindre que le type et dont l'abdomen est presque entièrement noir, excepté le sommet qui est couleur de poix. En même temps, les antennes nous ont paru un peu moins fortement sétosellées, un peu moins épaissies vers leur extrémité, d'un roux testacé uniforme, avec leur troisième article un peu plus court comparativement au deuxième. D'après un seul exemplaire, nous nous abstenons d'en faire une espèce. Nous l'appellerons provisoirement *Sipalia separanda*.

16. Sipalia punctulata, Mulsant et Rey.

Allongée, subdéprimée, très-finement pubescente, d'un brun de poix assez brillant, avec la tête et l'abdomen noirs, le sommet de celui-ci, la bouche, les antennes et les pieds d'un roux testacé. Tête subarrondie, à peine moins large que le prothorax, assez grossièrement et densement ponctuée. Antennes assez fortement épaissies tout à fait vers leur extrémité, à troisième article oblong, plus court et plus grêle que le deuxième, les septième à dixième fortement transverses. Prothorax transverse, plus large en avant que les élytres, fortement rétréci en arrière, subarqué sur les côtés, finement et densement pointillé, fovéolé vers sa base, souvent obsolètement sillonné sur sa ligne médiane. Élytres plus courtes que la moitié du prothorax, subélargies en arrière, subdéprimées, subéparsement et subrugueusement ponctuées. Abdomen aussi large à sa base que les élytres, graduellement et sensiblement élargi vers son extrémité, à peine ou éparsement pointillé.

Long., 0^m,0012 (1/2 l.) ; — larg., 0^m,0003 (1/7 l.).

PATRIE. Les environs d'Ospedale, en Corse, sous les mousses. (Collection Revelière.)

OBS. Cette espèce a la tournure de la *Sipalia piceata*, à côté de laquelle elle doit être colloquée. Elle s'en distingue par sa pubescence plus fine et plus serrée, par sa forme plus déprimée, par sa teinte moins brillante et surtout par sa ponctuation plus forte et plus dense sur la tête, le prothorax et les élytres. Les antennes sont moins graduellement épaissies vers leur extrémité et seulement à partir du septième article.

Chez les sujets immatures, la base de l'abdomen est d'un brun un peu roussâtre.

Cette espèce, avec la *piceata*, est une des plus petites du genre.

17. Sipalia subconvexa, Mulsant et Rey.

Suballongée, légèrement convexe, finement et subéparsement pubescente, d'un roux de poix assez brillant, avec la tête et l'abdomen noirs, le sommet de celui-ci d'un brun roussâtre, la bouche, les antennes et les pieds d'un roux testacé. Tête subtransverse, subarrondie sur les côtés, de la largeur du prothorax, distinctement et assez densement ponctuée. Antennes sensiblement épaissies, à troisième article oblong, plus court et plus grêle que le deuxième, les septième à dixième fortement transverses. Prothorax subtransverse, un peu plus large en avant que les élytres à leur base, assez fortement rétréci en arrière où il est un peu plus étroit que celle-ci, à peine arqué sur les côtés, subconvexe, assez finement et assez densement pointillé, obsolètement sillonné sur sa ligne médiane. Élytres un peu plus longues que la moitié du prothorax, un peu et subarcuément élargies d'avant en arrière, légèrement convexes, assez fortement, assez densement et rugueusement ponctuées. Abdomen aussi large à sa base que les élytres, sensiblement et subarcuément élargi en arrière, légèrement et subéparsement ponctué.

Long., 0^m,0015 (2/3 l.) ; — larg., 0^m,0004 (1/6 l.).

Patrie. Hautes-Pyrénées. (Collection Revelière.)

Obs. Cette espèce, avec le faciès des *Sipalia punctulata* et *difformis*, s'en distingue par sa forme un peu plus convexe, par sa ponctuation un peu plus forte, par ses élytres moins courtes, et par son abdomen un peu moins élargi en arrière. Elle est un peu plus grande que la première, un peu moindre que la deuxième.

Elle marcherait avant la *difformis*, qu'elle lierait aux espèces du groupe précédent.

18. Mycetoporus Baudueri, Mulsant et Rey.

Allongé, fusiforme, subconvexe, d'un noir très-brillant, avec la bouche, l'extrémité des élytres, les intersections de l'abdomen et les pieds d'un roux de poix, les antennes courtes, obscures et leur base testacée. Tête oblongue, un peu renflée en arrière, lisse. Antennes légèrement épaissies, à troisième article aussi long mais plus grêle que le deuxième, les pénultièmes fortement transverses. Prothorax aussi long que large à sa base, aussi large à celle-ci que les élytres, beaucoup plus étroit en avant, lisse. Élytres oblongues, sensiblement plus longues que le prothorax, à série dorsale de huit à dix points, l'interne de quatre à cinq points distants. Abdomen convexe, fortement atténué en arrière, parcimonieusement ponctué et pubescent, éparsement sétosellé.

Long., 0ᵐ,0031 (1 1/2 l.); — larg., 0ᵐ,0007 (1/3 l.).

Corps allongé, assez étroit, fusiforme, subconvexe, d'un noir très-brillant, avec l'extrémité des élytres et les intersections abdominales d'un roux de poix.

Tête oblongue, un peu renflée en arrière où elle est aussi large que la partie antérieure du prothorax ; assez fortement et graduellement atténuée en avant ; glabre, lisse, avec un pore sétifère à soie longue de chaque côté près du bord postéro-interne des yeux ; d'un noir très-brillant. *Épistome* avec quelques soies en avant. *Labre* d'un roux de poix, légèrement cilié à son sommet. *Parties de la bouche* d'un roux de poix, avec le *pénultième article des palpes maxillaires* plus foncé : celui-ci légèrement cilié.

Antennes courtes, un peu plus longues que la tête ; légèrement et graduellement épaissies ; très-finement duveteuses et en outre à peine pilosellées, surtout vers le sommet de chaque article ; obscures ou brunâtres, avec les deux ou trois premiers articles testacés ; le premier sensiblement renflé en massue suballongée, paré à son sommet interne d'une longue soie redressée : le deuxième subglobuleux ou à peine oblong, un peu moins épais et beaucoup plus court que le premier : le troisième suboblong, obconique, aussi long mais plus grêle que le deuxième : les quatrième à dixième graduellement un peu plus épais : le quatrième faiblement, le cinquième sensiblement, les sixième à dixième fortement transverses : le dernier, plus court que les deux précédents réunis, courtement ovalaire, obtus au sommet.

Prothorax aussi long ou à peine plus long que large à sa base ; aussi large en arrière que les élytres ; beaucoup plus étroit en avant, où il est de la largeur de la moitié de sa base ; faiblement échancré au sommet, avec les angles antérieurs infléchis et fortement arrondis ; à peine arqué sur les côtés, vu de dessus, plus sensiblement, vu latéralement, avec les angles postérieurs très-obtus et arrondis ; très-faiblement arrondi à sa base ; médiocrement convexe sur son disque ; glabre, lisse, d'un noir très-brillant ; paré vers son bord antérieur de six pores sétifères, dont l'externe plus petit et situé sur le bord lui-même, de trois sur le rebord latéral, et de quatre, plus forts, vers le bord postérieur, avec les soies assez longues ; offrant en dessous de la partie infléchie, près des angles antérieurs, trois ou quatre cils pâles, très-courts et peu apparents.

Écusson arrondi au sommet, glabre, lisse, d'un noir très-brillant.

Élytres formant ensemble un carré oblong, ou plus long que large ; sensiblement plus longues que le prothorax ; à peine plus larges en arrière qu'en avant ; subrectilignes sur leurs côtés ou avec ceux-ci à peine arqués postérieurement ; simultanément subéchancrées à leur bord apical ; assez largement arrondies au sommet vers leur angle postéro-externe ; faiblement convexes sur leur disque ; glabres, lisses ; d'un noir très-brillant, avec l'extrémité ornée d'une bordure d'un roux de poix, peu tranchée, mais assez large et occupant environ le sixième de la longueur, avec cette même couleur remontant sur la suture jusque près du milieu ; parées en outre de quatre séries longitudinales de pores sétifères : les latérales et dorsales de huit à dix, la suturale de cinq ou six ; l'interne ou accessoire, de six ou sept écartés, avec toutes les soies assez courtes. *Repli* lisse.

Abdomen à peine moins large à sa base que les élytres, environ deux fois plus prolongé que celles-ci ; fortement et graduellement atténué vers son extrémité ; longitudinalement et fortement convexe sur le dos ; parcimonieusement et assez longuement pubescent, avec les poils longs, gris, couchés et naissant chacun d'un pore ou d'un poil râpeux ; paré en outre, sur le dos et sur les côtés, de soies obscures et redressées, bien distinctes, celles des côtés assez longues, celles du dos assez courtes ; d'un noir très-brillant, avec la marge apicale de chaque segment d'un roux de poix, et l'extrémité du sixième plus largement : le cinquième en cône tronqué, deux fois plus développé que les précédents, muni à son bord apical d'une forte membrane blanchâtre : le sixième plus ou moins saillant, semi-cylindrique, fortement sétosellé sur le dos, obtusément arrondi au sommet.

Dessous du corps d'un noir brillant, avec les intersections du ventre d'un roux de poix. *Métasternum* subconvexe, presque lisse sur son milieu. *Ventre* convexe, éparsement sétosellé, à ponctuation subrâpeuse et peu serrée, finement et longuement pubescent ; à sixième arceau presque lisse, arrondi au sommet.

Pieds d'un roux de poix brillant, avec les tarses un peu plus clairs. *Cuisses* élargies, les *antérieures* avant, les autres vers le milieu ; à peine pubescentes et à peine ponctuées. *Tibias* assez robustes, distinctement pubescents et ponctués, fortement épineux ; les *antérieurs* et *intermédiaires* sensiblement, les *postérieurs* un peu moins longs que les cuisses. *Tarses* pubescents ; les *antérieurs* assez courts, à peine aussi longs que les tibias ; les *intermédiaires* allongés, sensiblement plus longs que les tibias, à premier article très-allongé, aussi long que les trois suivants réunis, avec ceux-ci graduellement plus courts : le deuxième suballongé ; les *postérieurs* très-allongés, beaucoup plus longs que les tibias ; à premier article très-allongé, aussi long que les trois suivants réunis : ceux-ci graduellement moins longs : le deuxième allongé, le troisième suballongé, le quatrième oblong.

Patrie. Cette espèce a été trouvée à Sos, dans le département de Lot-et-Garonne, par M. Bauduer, entomologiste zélé, à qui nous nous permettons de la dédier.

Obs. Elle ressemble beaucoup au *Mycetoporus nanus ;* elle est d'une taille à peine moindre, mais plus étroite. Les antennes sont plus courtes, plus obscures vers leur extrémité, plus claires à leur base, avec leurs pénultièmes articles surtout plus fortement transverses. Les élytres sont plus largement roussâtres vers leur sommet, etc.

NOTE

SUR LES EFFETS PRODUITS

PAR

L'EXTRAIT DE COLCHIQUE D'AUTOMNE

PAR

M. E. MULSANT

M. Isidore Pierre, professeur à la faculté des sciences de Caen, a publié une observation curieuse : en parcourant, en octobre 1874, le jardin d'un fleuriste, il s'arrêta devant une petite planche de Colchique d'automne. Après avoir touché les étamines de ces fleurs, il vit au bout d'un moment ses doigts changer de couleur et prendre une teinte d'un jaune verdâtre livide ; au bout d'une dizaine de secondes, la peau avait repris sa couleur naturelle. Frappé de ce phénomène, M. Pierre se demanda s'il pourrait y avoir absorption par distance. Il étendit donc ses doigts au-dessus d'une grosse touffe de fleurs, à 2 ou 3 centimètres des anthères, en évitant de les toucher ; le même effet se reproduisit avec la même rapidité et disparut non moins vite. Cette expérience, répétée plusieurs fois par des personnes différentes, donna le même résultat.

M. Pierre éprouva dans l'organe du goût une sensation vireuse, et l'appariteur de la faculté qui avait touché plusieurs fois les étamines de ces fleurs sentit, sur le doigt qui avait servi, un engourdissement qui a persisté plusieurs heures.

Cette action toxique du Colchique d'automne mérite d'être étudiée.

Notre savant botaniste, M. Timeroy, étant malade, son médecin lui fit prendre un peu d'extrait de cette plante ; il perdit bientôt les sens du goût et de l'odorat. La faculté de percevoir les saveurs lui revint au bout d'une quinzaine de jours ; mais jusqu'à sa mort, survenue un peu plus d'un mois après, il fut insensible à la perception des odeurs.

DESCRIPTION

D'UNE

ESPÈCE D'ALTISIDE

NOUVELLE OU PEU CONNUE

PAR

MM. E. MULSANT ET CL. REY

Présentée à la Société linnéenne de Lyon, le 12 juillet 1875.

Thyamis breviuscula, MULSANT et REY.

Breviter ovata, convexa, subnitida, pallens, oculis nigris, antennis apice subinfuscatis ; his elongatis ; thorace brevi, elytris amplis, obsolete ruguso-punctulatis.

Long., 0ᵐ,002 (3/4 l.).

Corps courtement ovalaire, convexe, assez brillant, presque glabre, d'un testacé pâle, avec les yeux noirs.

Tête verticale, fortement engagée dans le prothorax, assez brillante, testacée. *Vertex* subconvexe, finement rugueux. *Festons* déprimés, trans_versalement obliques. *Carène faciale* assez saillante, oblongo-elliptique. *Parties de la bouche* d'un testacé pâle, avec la pointe des *mandibules* rembrunie.

Yeux gros, arrondis, noirs, à facettes grossières.

Antennes allongées, atteignant les trois quarts de la longueur du corps, subfiliformes, finement pubescentes, pâles, avec les cinq ou six derniers articles un peu rembrunis, surtout au sommet de chacun d'eux ; le premier en massue allongée, subcylindrique et subarquée : les deuxième et troisième

beaucoup plus courts et un peu plus grêles, oblongs, obconiques, subégaux : les suivants allongés, linéaires, subégaux, avec les trois derniers
à peine plus épais, subrétrécis vers leur base : le dernier, de plus, subacuminé au sommet.

Prothorax court, deux fois aussi large que long ; tronqué au sommet,
subarqué sur les côtés, très-largement arrondi à la base ; transversalement
convexe ; obsolètement et rugueusement pointillé ; d'un testacé pâle et
assez brillant.

Écusson petit, assez large, subogival, lisse, d'un testacé brillant.

Élytres grandes, de quatre à cinq fois plus longues que le prothorax,
sensiblement plus larges à leur base que celui-ci ; ovalairement arrondies
sur les côtés ; convexes, plus fortement en arrière où elles sont largement
et simultanément arrondies au sommet ; obsolètement et rugueusement
pointillées ; presque glabres ; d'un testacé pâle et assez brillant. *Épaules*
assez saillantes, subarrondies.

Dessous du corps assez brillant, obsolètement pointillé, d'un testacé
moins pâle que la page supérieure.

Pieds légèrement pubescents, d'un testacé pâle, avec le sommet des
cuisses postérieures parfois un peu rembruni. *Celles-ci* fortement élargies,
subcomprimées. *Tibias postérieurs* légèrement ciliés sur l'arête externe de
leur surface dorsale, et, de plus, finement denticulés sur les deux tiers et
finement pectinés sur le troisième tiers de cette même arête.

Patrie. Cette espèce a été trouvée aux environs de Collioure, par
M. Valéry Mayet, à la fin de mai, sur la *Passerina hirsuta*.

Obs. Cette espèce ressemble aux *Thyamis pallens, crassicornis* et
canescens; mais elle est d'une forme plus courte, plus ramassée et plus
convexe. Les élytres sont plus brusquement déclives et plus largement
arrondies à leur sommet. Les festons sont plus développés transversalement
et la carène faciale est moins linéaire et moins tranchante, etc.

DESCRIPTION

D'UNE

NOUVELLE ESPÈCE DE BRACHÉLYTRE

DE LA TRIBU DES PHLOEOCHARINI

PAR

MM. E. MULSANT ET CL. REY

Présentée à la Société linnéenne de Lyon le 10 mai 1875.

Thermocharis subclavata, Mulsant et Rey.

Elongata, aptera, subconvexa, parce pubescens, nitida, rufo-testacea, antennis pedibusque pallidioribus. Capite thoraceque sublaevigatis, elytris vix, abdomine subtilissime punctulatis. Antennis elongato-subclavatis.

Long., 0ᵐ,0013.

Corps allongé, subconvexe, d'un roux testacé brillant ; parsemé d'une légère pubescence blonde, plus serrée sur l'abdomen.

Tête assez grande, sensiblement moins large que le prothorax, subconvexe ; presque lisse et presque glabre, avec une longue soie sur le côté des tempes ; d'un roux testacé brillant. *Mandibules* saillantes, testacées, à pointe fine, brusque et un peu rembrunie.

Yeux nuls ou lisses.

Antennes presque aussi longues que la tête et le prothorax réunis ; à peine pubescentes ; testacées ; à premier et deuxième articles assez renflés : le deuxième un peu plus court que le premier : les suivants petits, sub-moniliformes : les trois derniers assez grands et assez épais, formant ensemble une massue assez brusque mais allongée : les neuvième et dixième transverses : le dernier plus large que le précédent, courtement ovalaire, presque mousse au sommet, terminé par une petite soie.

Prothorax grand, transverse, sensiblement plus large en arrière que la base des élytres, un peu ou à peine plus large dans son milieu que celles-ci à leur sommet ; largement tronqué en avant, avec les angles antérieurs assez marqués, presque droits et terminés par une soie courte et redressée ; arqué sur les côtés ; à peine plus large en arrière qu'en avant ; tronqué ou à peine arrondi à sa base, avec celle-ci subimpressionnée de chaque côté, sur sa marge même, vers les angles póstérieurs qui sont subobtus (1) ; assez convexe ; presque lisse ou éparsement et à peine ponctué sur son disque ; parsemé de poils blonds et très-clair-semés ; entièrement d'un roux testacé brillant.

Écusson presque nul ou très-petit.

Élytres courtes, égalant environ les deux tiers du prothorax ; sensiblement et subarcuément élargies d'avant en arrière ; subconvexes ; subimpressionnées sur la suture jusques environ le milieu de celle-ci ; presque lisses ou à peine pointillées ; parées sur les côtés, vers leur base, d'un pli ou strie longitudinale peu marquée ; parsemées d'une légère pubescence blonde et brillante ; entièrement d'un roux testacé brillant. *Épaules* cachées. *Ailes* nulles.

Abdomen allongé, de la largeur des élytres à leur sommet, presque quatre fois plus prolongé que celles-ci ; subparallèle ou à peine arqué sur les côtés et puis sensiblement rétréci en arrière dans son dernier tiers ; longitudinalement convexe ; finement et légèrement pointillé sur les quatre premiers segments, presque lisse sur les suivants ; recouvert d'une fine pubescence blonde, un peu plus serrée que celle des élytres ; entièrement d'un roux testacé assez brillant. Les *quatre premiers segments* subégaux : le *cinquième* beaucoup plus grand : le sixième très-petit, étroit, subarrondi au bout.

Pieds assez courts, d'un roux testacé pâle. *Tibias antérieurs* et *intermédiaires* sensiblement élargis de la base au sommet, obliquement coupés à celui-ci, parés dans le dernier tiers de leur tranche externe de deux ou

____

(1) A un certain jour, on aperçoit un point enfoncé sur l'angle postérieur même.

trois soies assez raides : les *antérieurs* subarqués en dehors. *Tarses* courts :
es *antérieurs* dilatés, excepté leur dernier article.

PATRIE. Cette rare espèce nous a été communiquée par M. Valéry Mayet,
qui l'a capturée, vers le milieu de mai, à la Massane (Pyrénées-Orientales),
sous les pierres profondément enfoncées.

OBS. Elle doit ressembler beaucoup à la *Thermocharis caeca*, don
M. Fauvel a donné une description très-claire et une figure à ne pas se
méprendre sur l'identité du genre. Quant à notre espèce, elle nous semble
différer de la *caeca* par les caractères suivants : la taille est un peu plus
grande, les élytres et l'abdomen sont un peu plus brillants, moins pubescents. La massue des antennes paraît plus épaisse et plus brusque, avec
les neuvième et dixième articles plus forts et plus transverses (1). Le
prothorax est plus grand, plus large et plus court, et ses angles sont moins
obtus, surtout les antérieurs. Les élytres sont un peu plus longues. Les
tibias antérieurs et intermédiaires sont plus élargis, etc.

(1) Dans Fauvel (III, p. 22), au lieu de : *antennes et derniers articles*, il nous
semble qu'il faudrait : *antennes à derniers articles*.

TABLE ALPHABÉTIQUE

DES

ESPÈCES MENTIONNÉES DANS CE CAHIER

NOTES

NOTICES

FIN DE LA TABLE ALPHABÉTIQUE

LYON. — IMPRIMERIE PITRAT AÎNÉ, RUE GENTIL, 4.

OUVRAGES DU MÊME AUTEUR

Histoire naturelle des Coléoptères de France.
— Palpicornes. *Paris*, 1844. 1 vol. in-8.
— Sulcicolles. — Sécuripalpes. *Paris*, 1856. 1 vol. in-8.
— Latigènes. *Paris*, 1854. 1 vol. in-8.
— Pectinipèdes. *Paris*, 1855. 1 vol. in-8.
— Barbipalpes. — Longipèdes. — Latipennes. *Paris*, 1856. 1 vol. in-8.
— Vésicants. *Paris*, 1857. 1 vol. in-8.
— Angustipennes. *Paris*, 1858. 1 vol. in-8.
— Rostrifères. *Paris*, 1859. 1 vol. in-8.

(HÉTÉROMERSES)

— Altisides, par C. Foudras. *Paris*, 1859-60. 1 vol. in-8.
— Mollipennes. *Paris*, 1862. 1 vol. in-8.
— Longicornes. 2e édit. *Paris*, 1862-63. 1 vol. in-8.
— Angusticolles. — Diverspalpes. 1 vol. in-8, avec Rey.
— Térédiles 1864. 1 vol. in-8, avec Rey.
— Fossipèdes et Brévicolles. 1865. In-8, avec Rey.
— Scuticolles. 1867. In-8, avec Rey.
— Vésiculifères. 1867. 1 vol. in-8, avec Rey.
— Floricoles. 1868. In-8, avec Rey.
— Gibbicolles. 1868. In-8, avec Rey.
— Pilluliformes. 1869. In-8, avec Rey.
— Lamellicornes. — Pectinicornes. 1871. In-8, avec Rey.
— Brévipennes (Aléochariens), 1871. In-8, avec Rey.
— Improsternés, Uncifères, Diversicornes, Spinipèdes. 1872. In-8, avec Rey.
— Brévipennes. 1873 et années suivantes. In-8, avec Rey.

Spéciès des Coléoptères trimères sécuripalpes. *Lyon et Paris*, 1850-51. 1 vol. en deux parties, grand in-8.

Monographie des Coccinellides. 1866. In-8.

Opuscules entomologiques, grand in-8.
— 1er cahier. 1852. Mémoires divers.
— 2m cahier. 1853. Id.
— 3me cahier. 1853. Coccinellides.
— 4me cahier. 1853. Parvilabres.
— 5me cahier. 1854. Id.
— 6me cahier. 1855. Mémoires divers.
— 7me cahier. 1856. Id.
— 8me cahier. 1858. Id.
— 9me cahier. 1859. Parvilabres. etc.
— 10me cahier. 1859. Parvilabres.
— 11me cahier. 1859-60 Mémoires divers.
— 12me cahier. 1861. Id.
— 13me cahier. 1863. Id.
— 14me cahier. 1870. Id.
— 15me cahier. 1873. Id.

Cours d'histoire naturelle. *Paris*, 1869, 3e édit. (Zoologie). — 1869, 3e édit. (Physiologie). — 1860. (Géologie).

Souvenirs d'un voyage en Allemagne. *Paris*, 1861. In-8.

Hist. naturelle des Punaises de France. — Scutellérides. 1865. In-8.
— — Pentatomides. 1866. In-8.
— — Coréides. 1870 In-8.
— — Réduvides-Émésides. 1873 In-8.

Essai d'une classification des Trochilidés. 1866. In-8, avec MM. Verreaux.
Lettres à Julie sur l'Ornithologie. *Paris*, 1868. Grand in-8. Fig. col.
Lettres à Julie sur l'Entomologie, 2 vol. in-8.
Souvenirs du Mont Pilat. 1870. 2 vol. in-18.
Catalogue des Oiseaux-Mouches. 1875. Grand in-8.

SOUS PRESSE : Brévipennes. (Suite.)

EN PUBLICATION.

HISTOIRE NATURELLE

DES

OISEAUX-MOUCHES

OU

COLIBRIS

CONSTITUANT LA FAMILLE DES TROCHILIDÉS

PAR

E. MULSANT ET FEU ÉD. VERREAUX

OUVRAGE PUBLIÉ PAR LA SOCIÉTÉ LINNÉENNE DE LYON

Cet ouvrage, imprimé sur très-beau papier fabriqué exprès par MM. FILLIAT FRÈRES, de Rives, et avec des caractères neufs, formera quatre volumes grand in-4 raisin, de 300 à 320 pages chacun, accompagnés de planches dessinées d'après nature par d'excellents artistes et coloriées avec soin.

Chaque volume sera publié en quatre livraisons de dix feuilles environ, et de quatre ou cinq planches par livraison, pour offrir un représentant des principaux genres, ou les deux sexes des espèces, quand il sera nécessaire.

Il paraîtra une livraison par trimestre.

Le prix de la livraison est de 7 fr., planches noires, et 12 fr. 50 avec planches coloriées.

La Société publierait cette *Histoire* avec des planches pour chaque espèce de ces oiseaux, si elle trouvait, à 1 fr. 25 par planche coloriée, un nombre suffisant de souscripteurs pour couvrir les frais.

La 4ᵉ Livraison du 2ᵉ volume est sous presse.

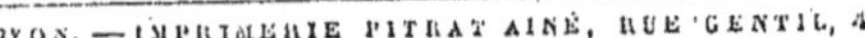

LYON. — IMPRIMERIE PITRAT AÎNÉ, RUE GENTIL, 4.